amplificadores operacionales

TEORIA Y MONTAJES PRACTICOS

W. García López
J. L. Gutiérrez Iglesias

amplificadores operacionales

TEORIA Y MONTAJES PRACTICOS

13-2-84

TERCERA EDICION

1983

PARANINFO S.A.

MADRID

IMPRESO EN ESPAÑA
PRINTED IN SPAIN

ISBN: 84-283-1104-8
Depósito Legal: M. 20.890.—1983

PARANINFO S.A. Magallanes, 25 - Madrid-15 (2-3278)

ARTES GRÁFICAS BENZAL, S. A. - Virtudes, 7 - MADRID-3

Indice

CAPITULO III

CAPITULO IV

CAPITULO V

CAPITULO VI . APLICACIONES

Prólogo

Este libro describe el funcionamiento de los Amplificadores Operacionales, enfocados desde el lado práctico de su empleo. Proporciona ejemplos concretos y comprobados de su utilización en diversos campos de la electrónica, bien de medición, control o simple amplificación de señales variables con el tiempo.

Su finalidad es la de dar una visión de conjunto, así como métodos de análisis de circuitos, composición interna, encapsulado, etc., tanto para el ingeniero que empieza, como para técnicos y aficionados, pasando rápida y ordenadamente al estudio práctico de diferentes montajes.

En ningún momento los autores pensaron realizar un estudio completo y profundo de las características físicas del elemento, ni un estudio matemático exhaustivo del mismo, sino que intentan llevar al técnico medio un nivel de conocimientos prácticos que le hagan perder el miedo al componente electrónico, e intente estudiar y experimentar por su cuenta nuevos circuitos, dejándole campo abierto para luego buscar libros, quizá, más profundos sobre el tema.

Los conocimientos de matemáticas y electrónica necesarios para su comprensión son completamente elementales, por lo que cualquier técnico del ramo los poseerá sobradamente.

Esperando lograr nuestra intención, les agradecemos de antemano las sugerencias y objeciones que puedan hacernos, y que serán bien acogidas con vistas a probables reediciones.

W. García López

J. L. Gutiérrez Iglesias

CAPITULO **1**

Amplificadores operacionales

1.1. Introducción.

Un amplificador operacional es un circuito integrado de extrema eficacia y amplia aplicación. Su denominación empezó a usarse en el campo de los calculadores, al emplearse en múltiples operaciones matemáticas.

Pueden ser usados en lazo abierto (open loop) o con realimentación (closed-loop). Cuando se emplean en circuito abierto tienen una ganancia muy elevada (del orden del 10^5); con realimentación, la ganancia viene limitada por la relación impedancia de realimentación/impedancia de entrada, pudiendo efectuarse con ellos sumas, restas, multiplicaciones, etc. Tanto la realización de estos circuitos como su funcionamiento lo iremos viendo en sucesivos apartados.

1.2. Circuito básico y su funcionamiento.

Estos circuitos integrados están formados interiormente por tres etapas, como podemos ver en la figura 1. La de entrada o etapa diferencial, una etapa intermedia y una etapa de salida.

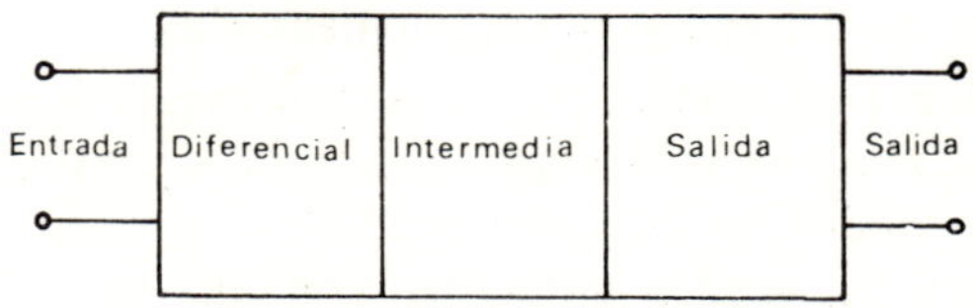

Fig. 1.

Para su estudio lo vamos a descomponer en bloques:

Etapa diferencial de entrada.

Está formado por un amplificador diferencial equilibrado. Este montaje tiene muchas ventajas, como pueden ser, por ejemplo, aislamiento de salida y entrada casi perfecto, alta impedancia de entrada y gran versatilidad en el uso de sus entradas, pudiendo usarse cualquiera de ellas o ambas, como veremos.

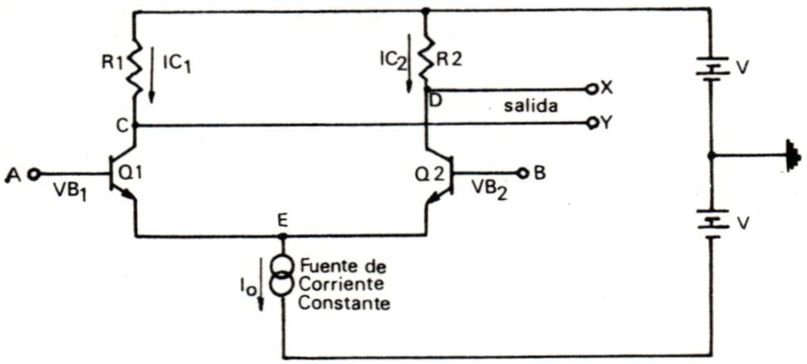

Fig. 2.

El amplificador diferencial equilibrado de la figura 2 es la configuración básica utilizada para las etapas de entrada de un amplificador operacional. Las entradas son los puntos *A* y *B*. Los transistores monolíticos Q_1 y Q_2 funcionan de igual forma que un par de transistores discretos de una configuración de este tipo. Sus excelentes características de apareamiento permiten un mejor equilibrado que si hiciésemos este montaje con transistores normales.

Las corrientes que circulan por los transistores provienen de una fuente de corriente constante como, por ejemplo, la de la figura 3. De esta forma, la suma de las corrientes que circulan por Q_1 y Q_2 nunca sobrepasan a I_0 y serán entre sí complementarias.

El amplificador está conectado para funcionar con dos fuentes de alimentación simétricas de polaridad opuesta (V y $-V$); si deseamos que las tensiones de salida no fluctúen alrededor de cero, sino que tengan una sola polaridad, se pueden alimentar con una sola fuente de alimentación.

Supondremos simétricas las dos ramas del amplificador equilibrado, o sea, que los transistores y las resistencias R_1 y R_2 sean de las mismas características. Vamos a estudiar ahora cómo funciona el circuito, según las señales de entrada.

Vamos a aplicar una señal equilibrada a la entrada, entre los puntos *A* y *B*, sin referencia a masa (caso, por ejemplo, de la señal de un micrófono) y supondremos que el punto *A* sea positivo respecto al *B*. Entonces, el transistor Q_1 conducirá más que el Q_2; la corriente I_{c1} será mayor que la I_{c2} y por supuesto el punto *C* será más negativo que el *D*. Con esto conseguimos una salida diferencial equilibrada (sin referencia a masa). La corriente I_0 seguirá siempre constante, aunque aumente la conducción Q_1, ya que también disminuye la de Q_2.

A esta conexión del amplificador se le llama salida diferencial con entrada diferencial.

Si conectamos a masa el punto *B*, por ejemplo, y aplicamos una señal (V_{B1}) a la base de Q_1, en caso de que esta señal aumente respecto a masa, la salida del transistor (punto *C*), disminuirá respecto a masa. Este montaje funciona como una etapa simple con inversión de fase y se llama entrada y salida simple con inversión de fase.

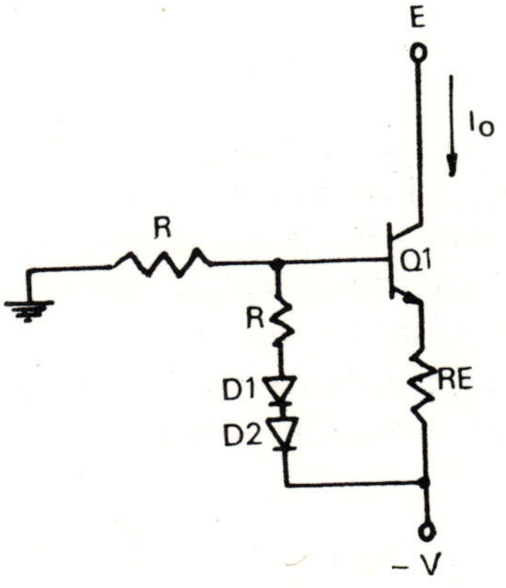

Fig. 3.

También se suele emplear, cuando interesa, el modo de conexión con entrada diferencial y salida simple referida a masa. O sea, que la señal se aplica entre los puntos *A* y *B*, y la salida se toma solamente del punto *C* o del *D* y masa.

Si la señal de entrada la aplicamos a la vez a los puntos *A* y *B* (puntos *A* y *B* unidos eléctricamente, como uno solo) respecto a masa, se dice que se aplica una tensión de entrada en modo común. Si estudiamos este montaje en la figura 2, vemos que si aumenta la señal de entrada respecto a masa, los colectores de Q_1 y Q_2 disminuirán respecto a masa, pero entre ellos no existirá ningún cambio de tensión y por tanto no podrá haber en este caso una salida equilibrada (diferencial). Esta característica la estudiaremos más detalladamente en otro apartado.

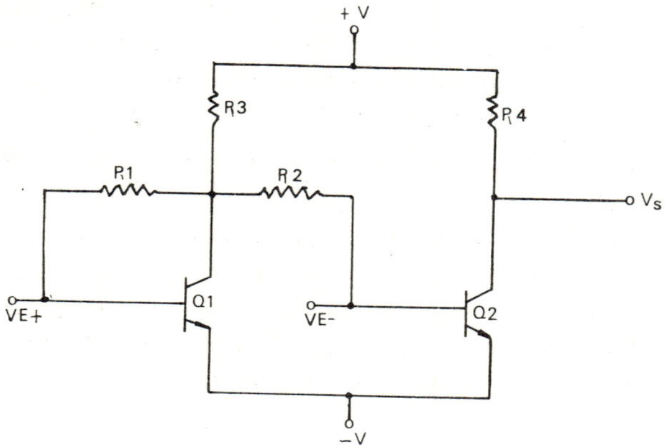

Fig. 4.

La relación de cambio de la tensión de colector a la diferencia de tensión entre las bases se denomina *ganancia de tensión diferencial* (*Ad*). La relación entre el cambio de tensión del colector y el cambio de las tensiones de las bases, cuando se aplica una señal de entrada en modo común, se llama *ganancia de tensión en modo común* (*Ac*).

La relación entre la ganancia de tensión en modo común y la ganancia de tensión en modo diferencial se denomina relación de rechazo de modo común (*RRMC*).

$$RRMC = \frac{Ac}{Ad}$$

Expresado en decibelios, será:

$$RRMC \text{ (db)} = 20 \text{ lg } \frac{Ac}{Ad}$$

Etapa intermedia.

La finalidad de esta etapa es la de proporcionar una ganancia adicional. El circuito que normalmente adoptan los fabricantes es un montaje de entrada diferencial y con salida simple. Un esquema lo podemos ver en la figura 4.

En este dircuito los transistores Q_1 y Q_2, igual que las resistencias R_1 y R_2, R_3 y R_4, son idénticos dos a dos en características y por tanto podemos decir que el circuito está equilibrado.

El funcionamiento es muy simple. Supongamos, por ejemplo, que la entrada V_{E+} es positiva respecto a la V_{E-}, entonces Q_1 conducirá más y hará que su colector se haga más negativo que antes, haciendo que la base de Q_2 sea más negativa ahora, que la hacía la señal aplicada en la entrada V_{E-} y por tanto Q_2 conducirá menos y la salida V_s se hará más positiva.

Etapa de salida.

Una etapa de salida típica adoptada por los fabricantes la tenemos en la figura 5, en la que podemos ver que los transistores Q_2 y Q_3 están montados como seguidores de emisor, con el fin de aislar la entrada de la salida, los diodos D_1 y D_2 se eligen para obtener a través de los transistores Q_2 y Q_3 el valor deseado de corriente de reposo.

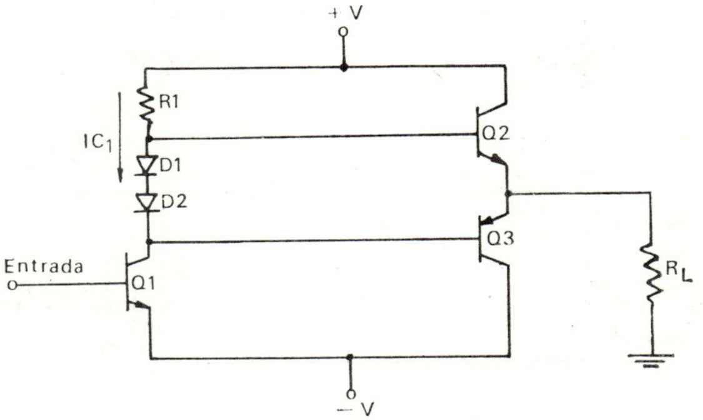

Fig. 5.

Supongamos una señal de entrada positiva respecto a masa. Entonces el transistor Q_1 conducirá y la corriente I_{c1} aumentará. Las bases de los transistores Q_2 y Q_3 se hacen más negativas, obligando a Q_3 a conducir. Entonces a la carga R_L le aplicamos una tensión negativa que viene de $-V$.

De haber sido la señal de entrada negativa, hubiera conducido Q_2, ya que su base se hace más positiva y entonces a la carga le llegará una tensión positiva. De las tres etapas que forman un amplificador operacional, la de entrada es la más delicada, teniendo el fabricante que eliminar diversos problemas que se presentan en ella. Veremos algunos y las soluciones que los fabricantes adoptan para ofrecernos en el mercado un elemento más perfecto.

1.3. Desajuste de la tensión de entrada.

Aunque la construcción de los componentes es bastante perfecta, su igualdad total es difícil de conseguir. Esto hace que en la etapa de entrada, aun cuando en sus entradas no exista ninguna señal aplicada, haya una desigualdad en las tensiones de polarización base-emisor del circuito diferencial (fig. 6). Esta señal, multiplicada por la propia ganancia del circuito, nos dará una tensión en la salida, aun en condiciones estáticas en que la señal de entrada sea nula. Esta señal dependerá de la ganancia del amplificador y se traducirán en un desajuste del punto de funcionamiento de diseño, introduciéndonos un error en la respuesta.

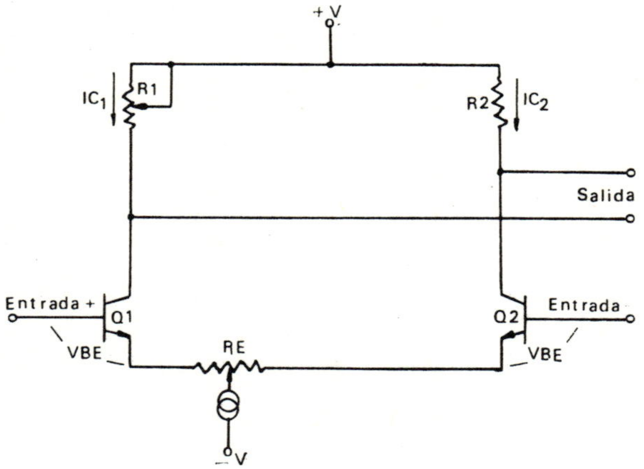

Fig. 6.

Con el fin de corregir esto los fabricantes suelen hacer el montaje que vemos en la figura 6, en la etapa de entrada. Con el potenciómetro R_E igualamos las polarizaciones base-emisor de ambos transistores y con el R_1 hacemos que las corrientes sean iguales para que la tensión de salida sea nula.

1.4. Offset.

Se define como la tensión necesaria que debe haber entre la entrada diferencial, para conseguir que la de salida sea nula. Más adelante veremos los distintos montajes que podemos hacer para conseguir esa tensión nula de salida.

1.5. Corriente de desajuste de la polarización de entrada.

Estas corrientes provienen de la polarización de las bases de la etapa de entrada. Cuando las corrientes de las dos ramas en estado estático no son idénticas, se origina una tensión de offset.

Vamos a demostrar de una forma sencilla y matemática cómo podemos conseguir que la corriente que origina este voltaje de offset sea nula, con sólo obtener en la fabricación que las ganancias de ambos transistores de una etapa de entrada sean iguales (fig. 2).

La corriente de polarización será:

$$I_{0s} = I_{b1} - I_{b2} = \frac{I_{c1}}{B_1} - \frac{I_{c2}}{B_2}$$

Siendo B_1 y B_2 las ganancias de corriente de los transistores Q_1 y Q_2. Vamos a suponer que las corrientes de colector sean iguales $I_{c1} = I_{c2} = I_c$, y tendremos entonces:

$$I_{0s} = \frac{I_c}{B_1} - \frac{I_c}{B_2} = \frac{(B_2 - B_1)}{B_1 \cdot B_2} \cdot I_c$$

Llamando B a la semisuma de las ganancias y ΔB a la diferencia entre ellas.

$$B = \frac{B_2 + B_1}{2} \qquad \Delta B = B_2 - B_1$$

De estas dos ecuaciones, hallaremos los valores de B_1 y B_2:

$$\begin{array}{l} B_2 + B_1 = 2B \\ B_2 - B_1 = \Delta B \\ \hline 2B_2 = 2B + \Delta B \Rightarrow B_2 = B + \dfrac{\Delta B}{2} \end{array}$$

Cambiando de signo la segunda ecuación, podremos hallar el valor de B_1:

$$\begin{array}{r} B_2 + B_1 = 2B \\ -B_2 + B_1 = -\Delta B \\ \hline 2B_1 = 2B - \Delta B \end{array} \Rightarrow B_1 = B - \frac{\Delta B}{2}$$

Estos valores obtenidos los sustituimos en la ecuación de la corriente de polarización:

$$I_{0s} = \frac{(B_2 - B_1) \cdot I_c}{B_2 \cdot B_1} = \frac{\left[\left(B + \frac{\Delta B}{2}\right) - \left(B - \frac{\Delta B}{2}\right)\right] \cdot I_c}{\left(B + \frac{\Delta B}{2}\right) \cdot \left(B - \frac{\Delta B}{2}\right)} = \frac{\Delta B \cdot I_c}{B^2 - \frac{(\Delta B)^2}{4}}$$

Como $B \gg \Delta B$, podemos decir que $\frac{(\Delta B)^2}{4} = 0$ y nos quedaría:

$$I_{0s} = \frac{\Delta B \cdot I_c}{B^2} = \frac{\Delta B}{B} \cdot \frac{I_c}{B} = \frac{\Delta B}{B} \cdot I_b$$

Si conseguimos que $B_1 = B_2$, entonces $\Delta B = B_2 - B_1 = 0$, y con ello hemos conseguido que $I_{0s} = 0$, que es la que produce el offset.

1.6. Deriva térmica.

Como sabemos, los transistores tienen una inestabilidad térmica de tal magnitud que hay que emplear circuitos adicionales para compensarla. Esta inestabilidad térmica se debe principalmente a que la corriente de saturación de colector I_{c0} varía acusadamente con la temperatura. Otros parámetros, tales como el factor de amplificación de corriente directa α, dependen también de la temperatura, pero estas variaciones tienen casualmente una importancia secundaria. Esta inestabilidad térmica produce una variación de las características del transistor que se manifiesta en forma de un desplazamiento del punto de funcionamiento.

Supongamos ahora que los dos transistores de la etapa de entrada de un amplificador se calienten ambos a la vez. Debido a su emplazamiento en cualquier circuito, sus corrientes de saturación de colector aumentarán, lo que hará aumentar la corriente I_c y, por supuesto, la tensión en los colectores variará en ambos transistores, aun supuesto simétricas las dos ramas del amplificador diferencial de entrada.

Por lo cual vemos que el voltaje diferencial de salida diferirá para distintas temperaturas.

1.7. Circuitos que evitan estos problemas en la etapa de entrada.

Como hemos visto hasta ahora, la etapa de entrada presenta problemas del tipo de efecto de temperatura y corrientes de polarización de entrada; un operacional que evita estos problemas nos lo brindan los fabricantes en los amplificadores operacionales estabilizados con *chopper.*

Este tipo de amplificador está formado por dos canales amplificadores, uno para las señales de *Ac* y otra para las de *Dc,* o señales de muy baja frecuencia.

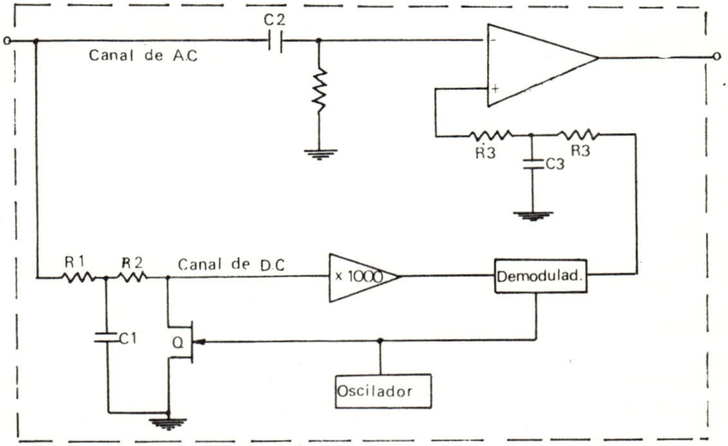

Fig. 7.

El canal de *Dc* está formado por un conmutador, un amplificador de *Ac* y un demodulador síncrono. La finalidad de este canal de *Dc* es la de tratar las corrientes de *Dc* de las variaciones de offset. Para ello utilizan un amplificador por mil, un modulador y un chopper, convirtiendo la señal de *DC* en *AC* que amplifican demodulando luego nuevamente, por lo que las variaciones o relación de señal/ruido varían en 1000, que es la ganancia del canal de *Dc.*

Este tipo de amplificador es poco usado, ya que presenta el inconveniente de tener solamente una entrada y salida única, no pudiendo tener la posibilidad de aplicar una señal diferencial.

Otro tipo de circuito que se suele utilizar para la etapa de entrada de un amplificador operacional es el formado por transistores de efecto de campo (FET). Estos se caracterizan por tener una corriente de polarización baja y una alta impedancia de entrada (fig. 8).

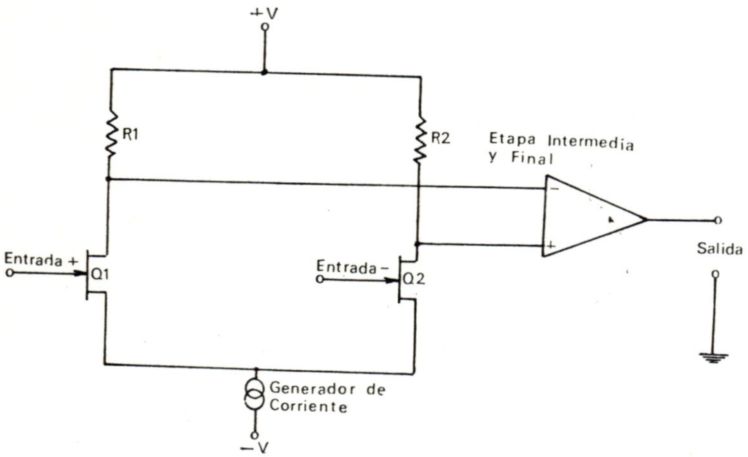

Fig. 8.

1.8. Técnica de la realimentación.

La precisión y flexibilidad del amplificador operacional es un resultado directo del uso de la realimentación negativa. Generalmente hablando, el amplificador que emplea realimentación tiene unas características superiores de operación. Aunque para ello sacrifica gran parte de su alta ganancia, el problema no es grave, ya que los valores en lazo abierto de estos amplificadores es del orden del 10^5.

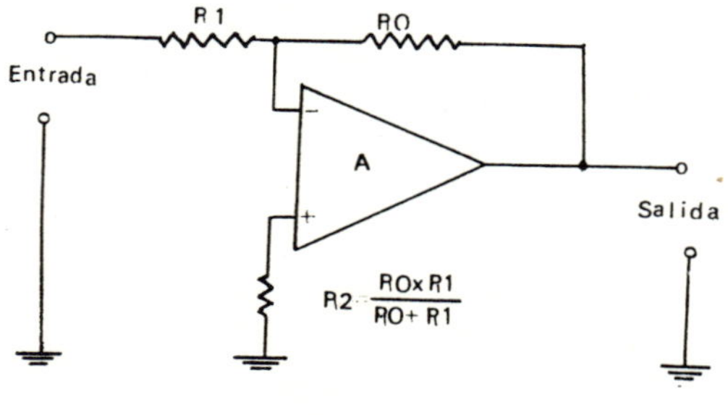

Fig. 9.

La ganancia en lazo cerrado depende del componente que se emplee para la realimentación. Un circuito típico con realimentación es el mostrado en la figura 9, que emplea una resistencia para la realimentación (R_0).

Otra de las características de la realimentación es la de aumentar la impedancia de entrada y disminuir la de salida.

1.9. Notación y terminología.

Varios son los símbolos utilizados en la industria para dibujar un amplificador operacional, ya que éstos no están estandarizados. Mostraremos los empleados por la Burr-Brown Research Corporation y usaremos igualmente para numerar los terminales de entrada y salida los mismos símbolos que este fabricante.

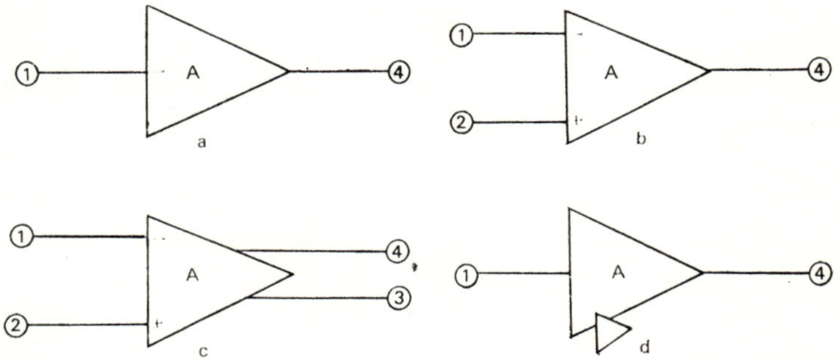

Fig. 10.

a) Montaje unilteral (single-ended).

b) Montaje de entrada diferencial y salida simple.

c) Montaje entrada diferencial-salida diferencial.

d) Operacional estabilizado por *chopper.*

Terminales de entrada.

En las figuras 10, *a, b* y *c,* vemos que el punto de conexión 1 tiene un signo negativo. Este punto es el denominado punto suma, entrada negativa o entrada inversora. Cualquier señal aplicada a él nos dará otra en la salida con fase opuesta; si introducimos una señal positiva, la respuesta será una señal negativa.

En las figuras 10, *b* y *c,* el punto 2 es el denominado entrada positiva o no inversora, en la cual se puede aplicar una señal positiva obteniendo en la salida otra señal con la misma fase positiva.

Montaje unilateral es cuando existe un solo punto de entrada y otro de salida, como en los casos *a* y *d,* cuyas tensiones se miden con referencia a masa, ya estudiaremos sus usos.

Cuando el amplificador tiene los puntos de entrada 1 y 2 se pueden realizar varios montajes que en principio se pueden reducir a dos. En uno, se introduce una señal equilibrada entre los puntos 1 y 2, y el amplificador responde a la diferencia de tensión que existe entre los puntos 2 y 1. A este montaje se le denomina de "entrada diferencial". Otra forma sería conectar el punto 2 a masa, atacando el amplificador con una señal referida a masa.

Algo que debemos aclarar, aunque más adelante insistiremos en ello, es que la diferencia de tensión entre los puntos 1 y 2 (puntos de entrada del operacional) es prácticamente nula, ya que la característica primordial de un operacional es su alta impedancia de entrada; por tanto entre las entradas 1 y 2 no existe prácticamente circulación de corriente, por lo que tampoco habrá caída de tensión, siendo la tensión en ambas iguales. De esta particularidad partiremos para estudiar luego todos los montajes.

Terminales de salida.

Como hemos visto, el punto 4 es el terminal de salida del amplificador y su relación con los puntos de entrada 1 y 2 ya la hemos comentado en el caso de los amplificadores con entrada diferencial — salida diferencial (caso 10, *c*). El terminal 3 tiene el mismo voltaje que el punto 4, pero de polaridad opuesta cuando medimos con relación a masa; podemos emplear uno u otro con relación a masa o ambos cuando queremos una salida equilibrada diferencial.

La figura 10, *d,* corresponde al símbolo de un amplificador estabilizado con *chopper,* que, como ya hemos visto, es más estable y con mejores características de entrada-salida que los anteriores. En ellos tanto el voltaje de salida como los de entrada se miden con relación a masa (single ended).

1.10. Conexión de la alimentación.

La alimentación de corriente continua para el funcionamiento de los operacionales varía según los fabricantes y tipos, por lo que lo primero que se debe hacer es consultar el catálogo de especificaciones que da el fabricante, para ver cuál es la tensión diferencial que le corresponde. Su conexión es como se indica en la figura 11.

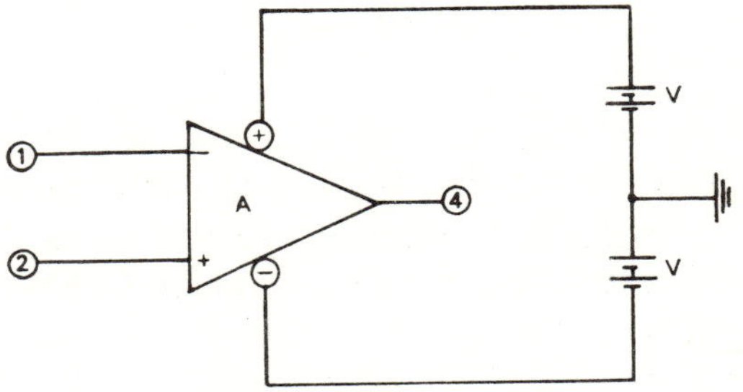

Fig. 11.

El montaje de la figura 11 se hace cuando queremos obtener en la patilla 4 una salida con tensiones positivas y negativas respecto a masa. Pero cuando deseemos sólo tensiones positivas, se alimentará el A.O. con una fuente de voltaje positivo e igual a 2 V. (Siendo V la tensión diferencial dada por el fabricante.)

Los puntos que corresponden a la alimentación del microcircuito debemos buscarlos asimismo en los catálogos.

1.11. Circuito eléctrico.

Un modelo de circuito eléctrico de un amplificador con entrada diferencial y salida simple lo podemos dibujar como un cuadripolo tal como se ve en la figura 12.

Este amplificador puede representarse como fuente ideal de tensión, cuyo valor depende del voltaje de entrada entre los puntos 1 y 2, más los efectos de las impedancias de entrada y salida.

El valor A, se llama ganancia en *lazo abierto* (open loop), el cual nos lo dan los fabricantes en el catálogo.

Como podemos ver en la figura 12, la tensión de salida será inde-

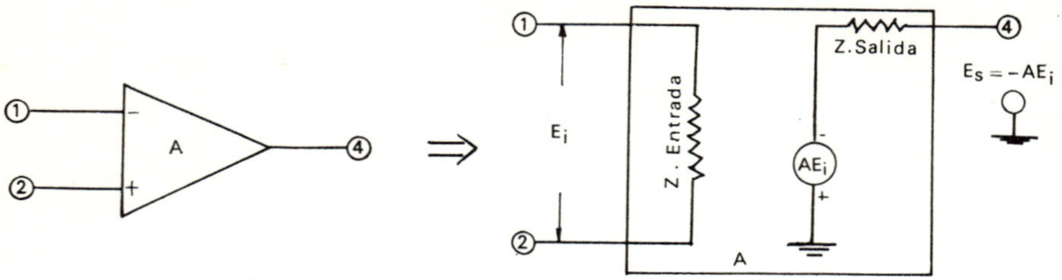

Fig. 12.

pendiente de la de entrada. La primera puede ser mucho mayor que la segunda dependiendo de la relación entre la realimentación y la entrada.

El circuito de la figura 13 sería un modelo de amplificador con entrada y salida diferencial. En estas dos últimas figuras podemos aclarar mejor lo de la alimentación de un amplificador con dos fuentes de tensión de distinta polaridad, o con una sola de voltaje doble. Aquí podemos ver que el voltaje de salida puede ser $-2AE_i$, siendo E_i el voltaje de entrada, cuando la salida es diferencial; pero cuando la salida es el punto 4 (por ejemplo) con respecto a masa será $-AE_i$. Si sacásemos la salida entre el punto 3 y masa, la tensión sería $+AE_i$.

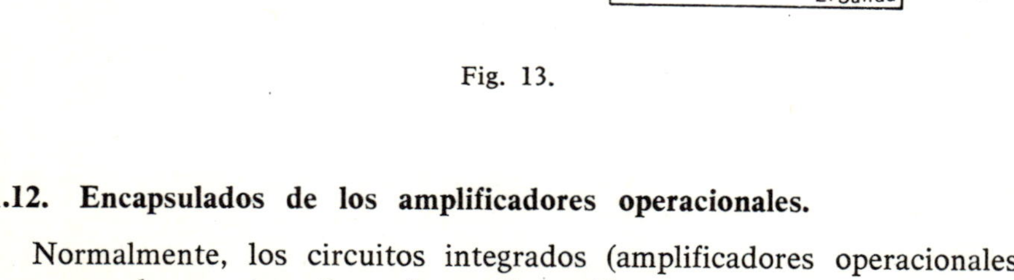

Fig. 13.

1.12. Encapsulados de los amplificadores operacionales.

Normalmente, los circuitos integrados (amplificadores operacionales) se encapsulan en tres tipos de configuración:

a) El encapsulado de vidrio-metal, tipo TO-99;

b) El de doble línea *(dual in line)*;

c) El plano *(flat-pack).*

El tipo TO-99 tiene forma de sombrero con patas. Suele tener 8 patillas y sus dimensiones en pulgadas las podemos ver en la figura 14. Sus terminales se enumeran, visto desde abajo, partiendo del saliente rectangular que tienen, en el sentido de las agujas del reloj y de forma que el número 8 quede justamente encima del citado saliente.

TO 99

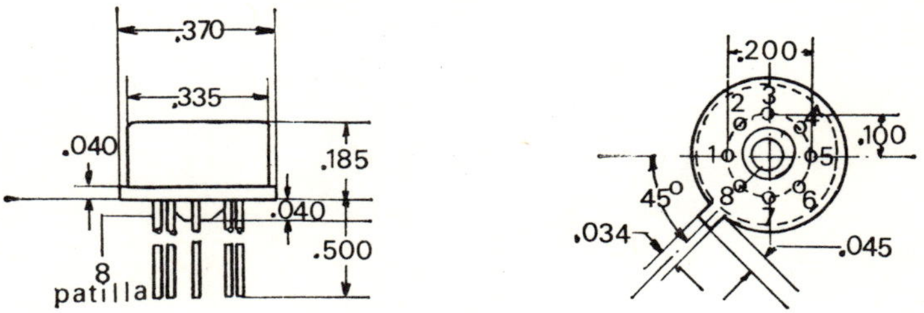

Fig. 14.

El de doble línea (en inglés "dual in-line package"), suele tener forma de araña y el número de patitas son catorce o dieciséis; se suelen fabricar de tipo cerámico o de plástico. El primero presenta excelente hermeticidad y resistencia mecánica, pero su costo es alto, debido a la complejidad de su proceso de fabricación. Los segundos se fabrican cada día más, ya que resultan muy económicos. Sus dimensiones podemos verlas en la figura 15, visto desde arriba (y con la muesca que tiene en la parte superior). Se suelen numerar de forma que la patilla 1 esté en el vértice izquierdo superior; el 7 en el izquierdo inferior; el 8 en derecho inferior y el 14 en el derecho superior. O sea, que su numeración va en sentido contrario a las agujas del reloj. Normalmente la patilla 1 suele llevar junto a ella un punto realizado por depresión en el propio plástico o pintado de blanco para distinguirlo.

Los planos (en inglés "flat package") suelen ser cuadrados, y de dos de sus lados le salen las patitas, que suelen ser 10 ó 14. Se numeran de la misma forma que los de doble línea y también tienen un punto junto a la patita 1 para distinguirla. Sus dimensiones están en la figura 16.

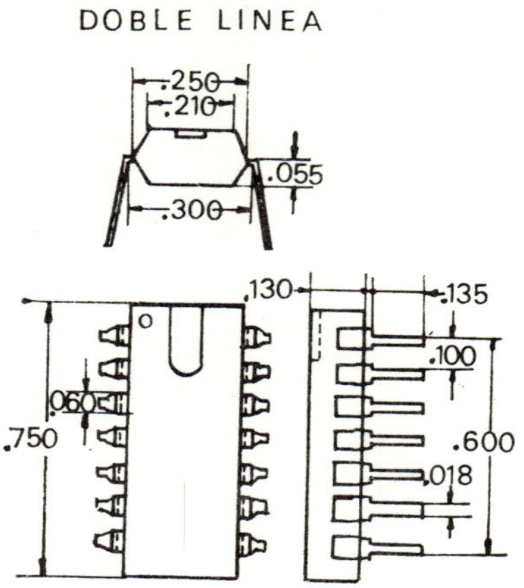

Fig. 15.

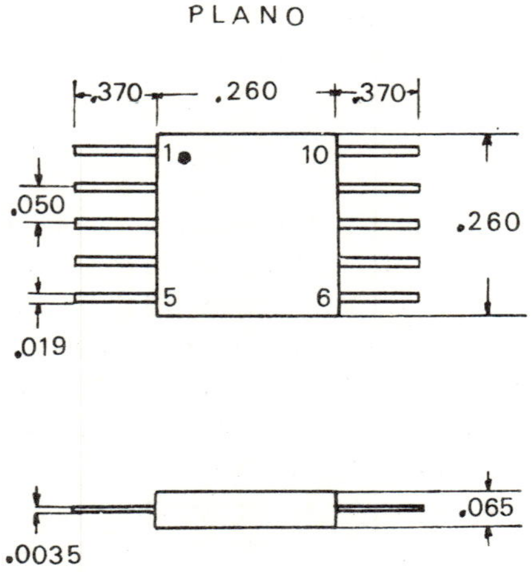

Fig. 16.

Una de las características más importantes que deben cumplir los encapsulados es que el calor se transfiera al exterior, sin que la temperatura se eleve excesivamente en ningún punto de la pastilla. Cuando estemos trabajando en un circuito y tengamos un amplificador mal, debemos tomar la precaución de sustituirlo por otro igual y con el mismo encapsulado, pues si no sus terminales no coinciden. Esto lo podemos ver mucho mejor en la figura 17, en la cual tenemos un amplificador del tipo UA 741 de la casa FAIRCHILD, con dos tipos de encapsulados, el TO-99 y el "Dual IN LINE". Por ejemplo, la salida (output) en el TO-99 es por la patita 6, mientras que en el doble línea es por la patita 10 .

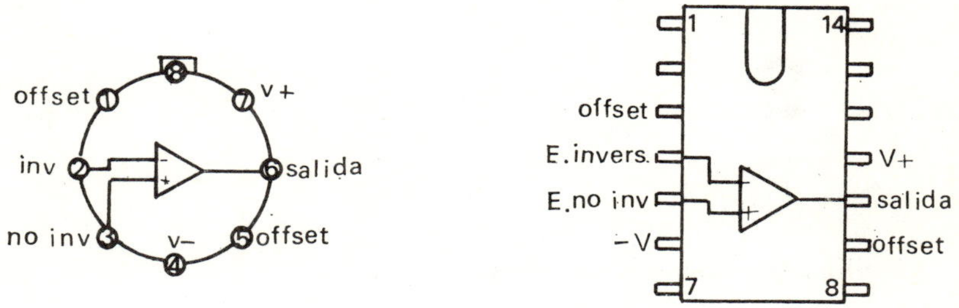

Fig. 17.

Nos pregutaremos ahora cuál es la forma de distinguir un tipo de otro en los catálogos. Para aclaración pondremos como ejemplo los amplificadores UA 741 C y UA 715 C de FAIRCHILD.

Al tipo TO-99 le llama este fabricante U5B7741.

El *dual in line* es el U6E7741.

En plano no se fabrica el UA7141C, pero sí el UA751C, que le llama U3H7751.

CAPITULO **2**

2.1. Amplificador operacional ideal.

Un amplificador operacional ideal debería reunir las siguientes características:

a) Ganancia en lazo abierto (*A*) infinita;

b) Ancho de banda infinito;

c) Impedancia de entrada infinita;

d) Impedancia de salida nula;

e) Desajuste de salida, desplazamiento con el tiempo y temperatura nulo.

El circuito equivalente del amplificador ideal lo podemos ver en la figura 18.

En la figura se ha pintado una Z_{out} que es la impedancia de salida, como hilo continuo (nula); una Z_{in} (impedancia de entrada) sin hilos o sea infinta. Otra de las características será E_0 (voltaje de salida) nulo, cuando E_i (voltaje de entrada) sea nulo (Offset nulo).

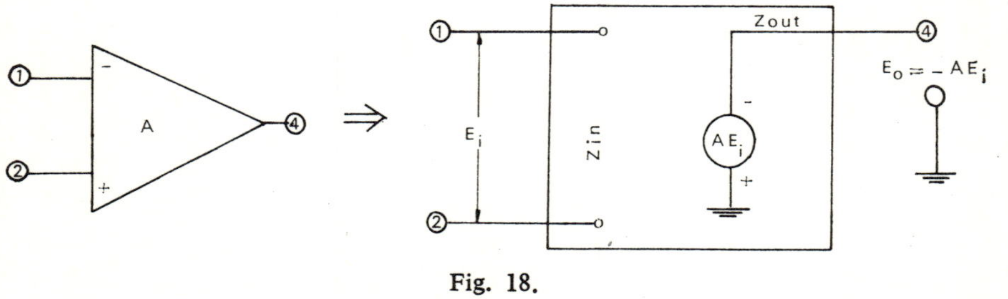

Fig. 18.

2.2. Amplificador operacional real.

Normalmente no cumplen las características de los amplificadores ideales y presentan las siguientes propiedades:

a) Ganancia en lazo abierto extremadamente alta, pero no infinita. Por lo común son del orden de 10^3 a 10^6.

b) Gran ancho de banda: se extiende desde corriente continua hasta varios cientos de megahercios, pero en una frecuencia alta la ganancia en lazo abierto disminuye con una pendiente de 6 dB/octava o como máximo 12 dB/octava, hasta hacerse igual a uno.

c) Tensión de salida positiva y negativa con una amplia gama dinámica, normalmente entre ± 10 V y ± 15 V.

d) Desajuste de salida con el tiempo y temperatura muy reducida.

e) Alta impedancia de entrada, del orden de 10^6 ohmios, pudiendo despreciarse la corriente entre los terminales positivo y negativo de entrada en casi todos los casos prácticos.

2.3. Circuitos prácticos con resistencias.

Vamos a pasar a estudiar distintos montajes que lleven amplificadores y resistencias solamente. En estos tendremos siempre en cuenta que la corriente que pasa entre las entradas positiva y negativa será nula. Por lo tanto, el voltaje de la entrada negativa, que llamaremos siempre E_x, será igual al de la entrada positiva, que llamaremos E_y:

$$E_x = E_y$$

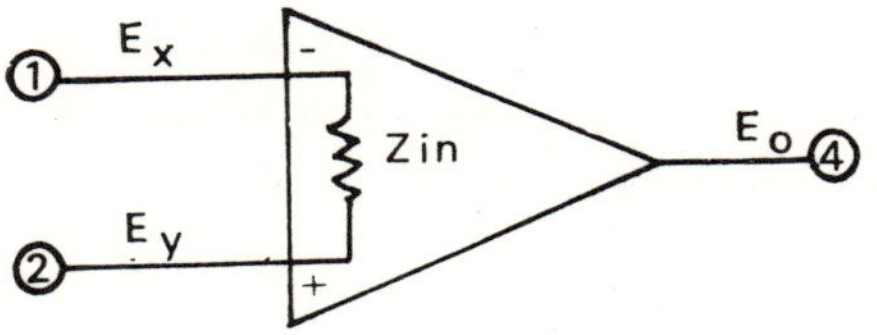

Fig. 19.

Aunque los cálculos que vamos a hacer son elementales, resultan indispensables para entender cualquier circuito.

2.4. Montaje inversor.

Se llama así este montaje porque la señal de salida es inversa de la de entrada, en polaridad, aunque puede ser mayor, igual o menor, dependiendo esto de la ganancia que le demos al amplificador en lazo cerrado. La señal, como vemos en la figura 20, se aplica al terminal inversor o negativo del amplificador y el positivo o no inversor se lleva a masa.

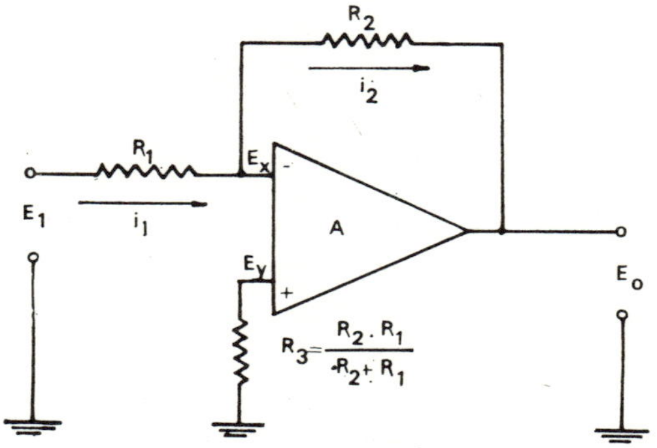

Fig. 20.

La resistencia R_2, que va desde la salida al terminal de entrada negativo, se llama de realimentación.

Resumiendo, podemos decir que el amplificador está en lazo cerrado y que la realimentación es negativa.

En los montajes que estudiemos vamos a plantear solamente dos ecuaciones y serán válidas en todos los casos.

a) La tensión del terminal positivo y la del negativo serán iguales, ya que la impedancia de entrada es muy alta y la corriente entre estos terminales la consideramos nula:

$$E_x = E_y.$$

b) Al no haber paso de corriente entre los terminales de entrada, toda la corriente que pasa por R_1 será igual a la que pasa por R_2:

$$I_1 = I_2.$$

Primera ecuación: $E_x = E_y$.

Como el terminal no inversor está a masa, se tiene:

$$E_x = E_y = 0.$$

Segunda ecuación: $I_1 = I_2$.

$$I_1 = \frac{E_1 - E_x}{R_1}$$

$$I_2 = \frac{E_x - E_0}{R_2}$$

Igualando las dos corrientes y teniendo en cuenta la primera ecuación tendremos:

$$\frac{E_1 - E_x}{R_1} = \frac{E_x - E_0}{R_2}$$

$$\frac{E_1}{R_1} = -\frac{E_0}{R_2}$$

$$E_0 = -\frac{R_2}{R_1} E_1, \quad \text{si} \quad R_2 = R_1. \quad E_0 = -E_1$$

Del resultado final sacaremos las conclusiones siguientes:

a) La señal de salida es inversa de la de entrada.

b) La ganancia es siempre la relación entre la resistencia de realimentación y la de entrada. Esto será común para todos los montajes.

Pasaremos a ver un ejemplo práctico (sin tener en cuenta las conexiones de alimentación y las de Offset con un UA 741 (U5B7741), en el cual queremos sacar 5 voltios a la salida, con 100 milivolitios de entrada.

Primeramente calculamos las resistencias, sabiendo que la ganancia debe ser de 50:

$$50 = \frac{R_2}{R_1}$$

Haremos R_1 de 1 KΩ y con ello R_2 deberá ser 50 KΩ. El montaje será el de la figura 21.

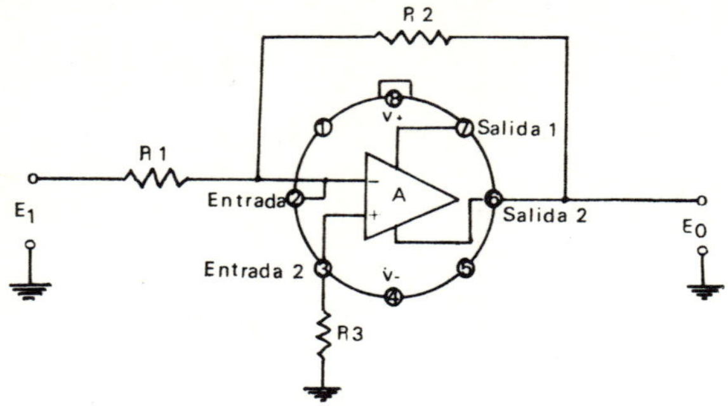

Fig. 21.

2.5. Montaje separador (Buffer).

El circuito de la figura 22 es un separador cuya finalidad es la de aislar los elementos conectados a su entrada de los conectados a su salida, haciéndolos completamente independientes.

Se caracteriza por tener una alta impedancia de entrada y una baja de salida.

La tensión de salida E_0 será de la misma polaridad que la de entrada E_1, ya que se aplica al terminal no inversor.

Como sabemos, los voltajes en los terminales de entrada deberán ser iguales, pero además vemos que:

$$E_1 = E_y \quad \text{y} \quad E_0 = E_x, \quad \text{por lo que} \quad E_0 = E_1.$$

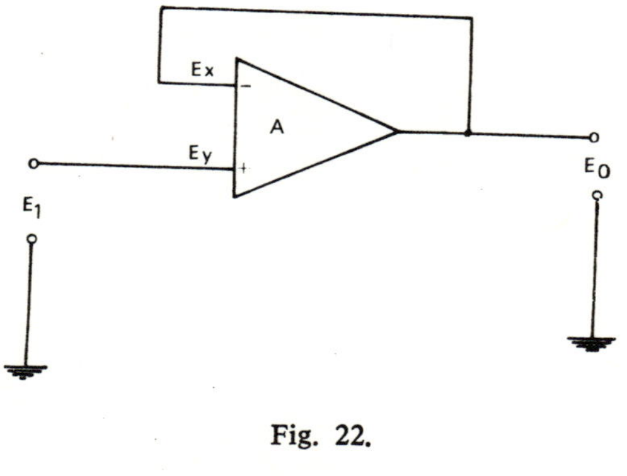

Fig. 22.

En este montaje, como vemos en la fórmula final, conseguimos que el voltaje de salida sea el mismo (es decir, ganancai 1, sin inversión de fase) que el de entrada, aunque con alta impedancia de entrada.

2.6. Montaje no inversor.

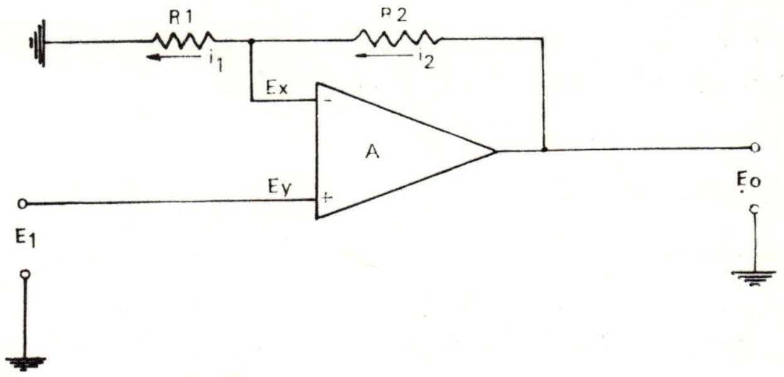

Fig. 23.

Es muy parecido al separador, aunque lleva una resistencia de realimentación y otra desde el terminal inversor a masa.

Primera ecuación ($E_x = E_y$):

$$E_x = E_y = E_1$$

Segunda ecuación ($i_1 = i_2$):

$$i_1 = \frac{E_x - 0}{R_1}$$

$$i_2 = \frac{E_0 - E_x}{R_2}$$

Igualando las corrientes y teniendo en cuenta la Primera ecuación, será:

$$\frac{E_0 - E_x}{R_2} = \frac{E_x}{R_1}$$

$$\frac{E_0 - E_1}{R_2} = \frac{E_1}{R_1}$$

$$(E_0 - E_1)\, R_1 = E_1\, R_2$$

$$E_0 R_1 = E_1 (R_2 + R_1)$$

$$E_0 = E_1 \frac{(R_2 + R_1)}{R_1}$$

La tensión de salida será de la misma polaridad que la de entrada, y la ganancia será el cociente de la suma de ambas resistencias y la resistencia de entrada.

Si con un voltio de entrada quisiéramos sacar 4 voltios, tendremos que hacer, por ejemplo, $R_1 = 1$ KΩ y $R_2 = 3$ KΩ.

2.7. Circuitos sumadores.

2.7.1. Sumador inversor.

Circuito operacional con montaje sumador:

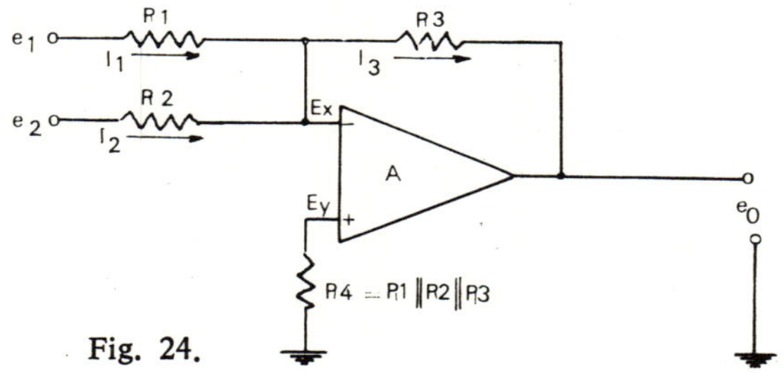

Fig. 24.

Plantearemos como siempre las ecuaciones del lazo:

$$E_x = E_y = 0$$

$$I_1 + I_2 = I_3$$

Calcularemos el valor de I_1, I_2 e I_3:

$$I_1 = \frac{e_1 - E_x}{R_1} \qquad I_2 = \frac{e_2 - E_x}{R_2} \qquad I_3 = \frac{E_x - e_0}{R_3}$$

Igualando y sustituyendo E_x por su valor ≈ 0:

$$\frac{e_1}{R_1} + \frac{e_2}{R_2} = - \frac{e_0}{R_3}$$

$$\frac{e_1 R_2 + e_2 R_1}{R_1 R_2} = -\frac{e_0}{R_3}$$

$$e_1 R_2 R_3 + e_2 R_1 R_3 = -e_0 R_1 R_2$$

$$-e_0 = \frac{e_1 R_2 R_3}{R_1 R_2} + \frac{e_2 R_1 R_3}{R_1 R_2}, \quad \text{de donde}$$

$$-e_0 = \frac{e_1 R_3}{R_1} + e_2 \frac{R_3}{R_2}.$$

Como vemos, la finalidad de este circuito es obtener una señal e_0 de salida proporcional a la suma de las de entrada. Se introduce una inversión de fase de 180°; de ahí el signo menos.

$\frac{R_3}{R_1}$ es la ganancia particular del circuito si sólo existiera la entrada e_1, y $\frac{R_3}{R_2}$ si sólo existiera la entrada e_2.

Si hacemos en este circuito que $R_3 = R_2 = R_1$, nos quedaría:

$$e_0 = -(e_1 + e_2).$$

2.7.2. Circuito sumador no inversor.

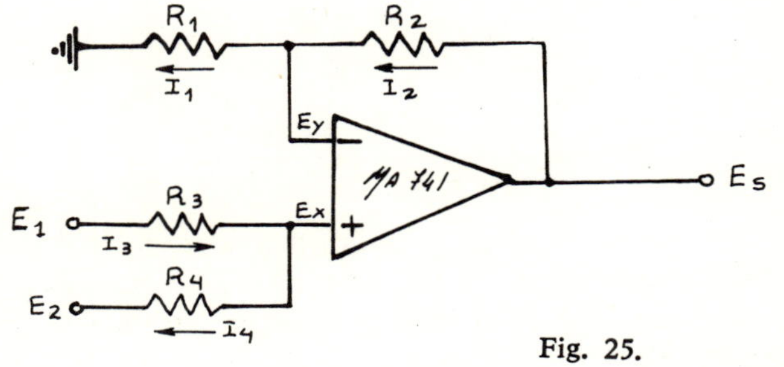

Fig. 25.

Las ecuaciones del lazo que debemos plantear son las siguientes:

$$E_x = E_y$$

$$I_1 = I_2$$

$$I_3 = I_4$$

Todas ellas salen debido a que entre la entrada más y la menos del amplificador operacional no circula ninguna corriente.

De la segunda ecuación sacamos el valor del voltaje de salida en función del existente en la entrada negativa.

$$\frac{E_s - E_y}{R_2} = \frac{E_y - 0}{R_1}$$

$$E_s R_1 - E_y R_1 = E_y R_2$$

$$E_s = E_y \cdot \frac{R_2 + R_1}{R_1}$$

De la tercera ecuación sacamos el valor del voltaje en la entrada positiva en función de los dos de entrada.

$$\frac{E_1 - E_x}{R_3} = \frac{E_x - E_2}{R_4}$$

$$E_1 R_4 - E_x R_4 = E_x R_3 - E_2 R_3$$

$$E_1 R_4 + E_2 R_3 = E_x (R_3 + R_4)$$

$$E_x = \frac{E_1 R_4 + E_2 R_3}{R_3 + R_4}$$

Teniendo en cuenta la primera ecuación ($E_x = E_y$), sustituimos el valor obtenido de E_x por el de E_y.

$$E_s = E_y \cdot \frac{R_2 + R_1}{R_1}$$

$$E_s = \frac{E_1 R_4 + E_2 R_3}{R_3 + R_4} \cdot \frac{R_2 + R_1}{R_1}$$

Este sería el valor del voltaje de salida en función de los dos de entrada, pero, como puede verse, es bastante difícil de recordar. Con el fin de simplificar esta ecuación final, vamos a hacer que la resistencia resultante de la paralela de R_1 y R_2 sea igual a la resultante de la paralela de R_3 y R_4. De esta igualdad vamos a despejar $R_3 + R_4$ y a sustituirlo en la ecuación del voltaje de salida.

$$\frac{R_1 R_2}{R_1 + R_2} = \frac{R_3 R_4}{R_3 + R_4}$$

$$R_3 + R_4 = \frac{R_3 R_4 (R_1 + R_2)}{R_1 R_2}$$

Vamos a sustituir este valor en E_s

$$E_s = \frac{E_1 R_4 + E_2 R_3}{R_3 + R_4} \cdot \frac{R_2 + R_1}{R_1}$$

$$E_s = \frac{E_1 R_4 + E_2 R_3}{\dfrac{R_3 R_4 (R_1 + R_2)}{R_1 R_2}} \cdot \frac{R_2 + R_1}{R_1}$$

$$E_s = \frac{E_1 R_4 + E_2 R_3}{R_3 R_4} \cdot \frac{R_1 R_2}{R_1}$$

$$E_s = \left(\frac{E_1}{R_3} + \frac{E_2}{R_4} \right) R_2$$

$$E_s = E_1 \frac{R_2}{R_3} + E_2 \frac{R_2}{R_4}$$

Como vemos en esta última ecuación, el voltaje de salida es igual a la suma de los de entrada, y cada uno de ellos multiplicados por su ganancia correspondiente. Dichas ganancias son el cociente de la resistencia de realimentación por la de entrada.

2.8. Circuitos restadores.

2.8.1. Circuito operacional con montaje diferenciador o restador.

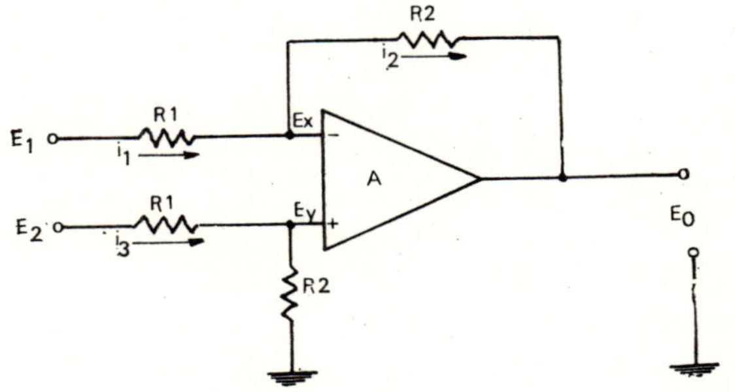

Fig. 26.

Este montaje tiene como finalidad conseguir una tensión de salida E_0, igual a la diferencia entre la que le aplicamos a la entrada positiva

(E_2) y el que aparece en la entrada negativa (E_1), multiplicada por una ganancia que depende de los valores de las resistencias de entrada y realimentación.

En la práctica, y para facilitar los cálculos, se hacen iguales las resistencias de entrada (R_1) y la de realimentación con la resistencia que va a masa desde el terminal de entrada positivo (R_2).

Primera ecuación: $E_x = E_y$.

En este caso E_x no es como en los anteriores igual a $E_y = 0$, sino que su valor habrá de calcularse teniendo en cuenta el divisor de tensión de la figura 27.

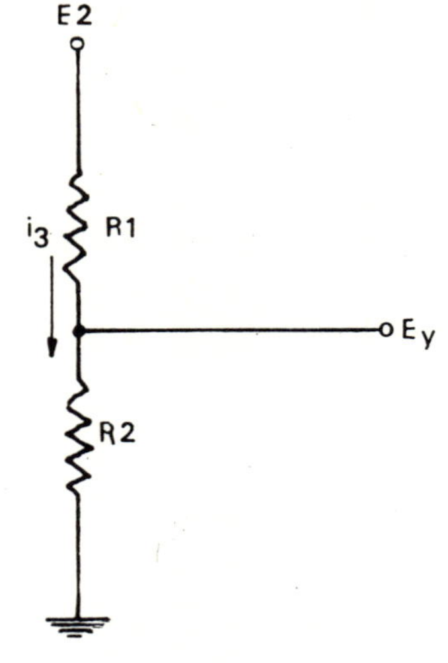

Fig. 27.

$$E_y = i_3 R_2 = \frac{E_2}{(R_1 + R_2)} \cdot R_2$$

Segunda ecuación: $i_1 = i_2$

$$i_1 = \frac{E_1 - E_x}{R_1}$$

$$i_2 = \frac{E_x - E_0}{R_2}$$

Igualando:

$$\frac{E_1 - E_x}{R_1} = \frac{E_x - E_0}{R_2}$$

$$E_1 R_2 - E_x R_2 = E_x R_1 - E_0 R_1$$

$$E_0 R_1 = E_x (R_1 + R_2) - E_1 R_2$$

Sustituimos el valor de E_x:

$$E_0 R_1 = \left[\frac{E_2 R_2}{(R_1 + R_2)} \right] x (R_1 + R_2) - E_1 R_2$$

$$E_0 R_1 = E_2 R_2 - E_1 R_2$$

$$E_0 = (E_2 - E_1) \frac{R_2}{R_1}$$

Si hacemos $R_2 = R_1$, tendremos $E_0 = E_2 - E_1$.

Demostramos aquí que el voltaje de salida es la diferencia entre el que aplicamos a la entrada no inversora y el de la entrada inversora. La ganancia R_2/R_1 será según nuestras necesidades.

Vamos a poner un ejemplo práctico, con un UA741C (dual in line), en el cual E_2 valdrá 3 voltios, E_1 2 voltios y queremos sacar cinco voltios a la salida.

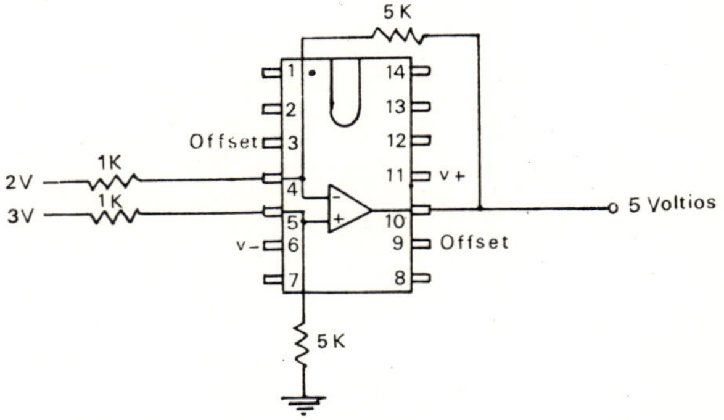

Fig. 28.

2.8.2. Circuito restador, teniendo en cuenta el rechazo en modo común.

Los voltajes E_1 y E_2 que le aplicamos a un diferenciador suelen proceder de dos generadores, los cuales llevan sus negativos unidos a masa.

Normalmente esta masa y la de salida, por encontrarse lejos, no suelen estar al mismo potencial y por tanto entre ambas existe un paso de corriente.

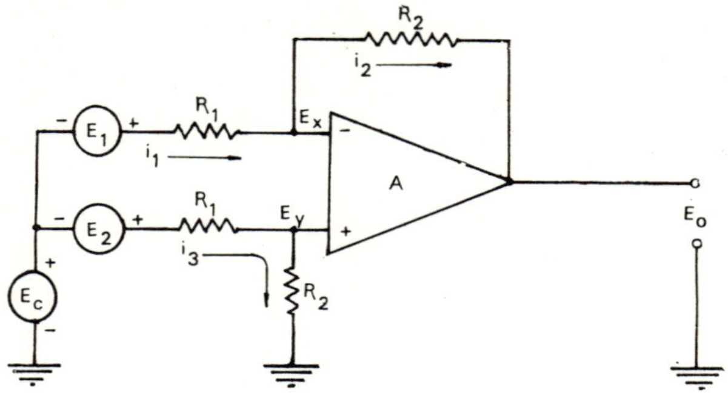

Fig. 29.

Hemos dibujado un generador E_c entre masa y el negativo de los generadores para representar esa diferencia de tensión.

A este voltaje E_c se le llama voltaje de rechazo en modo común *(Commont mode rejection).*

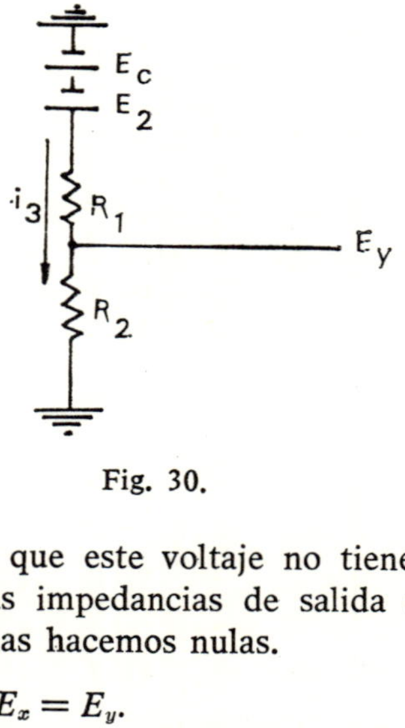

Fig. 30.

Vamos a demostrar que este voltaje no tiene efecto alguno sobre el amplificador, cuando las impedancias de salida de los generadores sean iguales, y en este caso las hacemos nulas.

Primera ecuación: $E_x = E_y$.

Dicha tensión la sacaremos del divisor de la figura 30.

$$E_y = i_3 R_2 = \left[\frac{(E_c + E_2)}{(R_1 + R_2)}\right] x R_2$$

Segunda ecuación: $i_1 = i_2$.

$$i_1 = \frac{[(E_c + E_1) - E_x]}{R_1}$$

$$i_2 = \frac{(E_x - E_0)}{R_2}$$

Igualando:

$$\frac{[(E_c + E_1) - E_x]}{R_1} = \frac{(E_x - E_0)}{R_2}$$

$$E_c R_2 + E_1 R_2 - E_x R_2 = E_x R_1 - E_0 R_1$$

$$E_0 R_1 = E_x (R_1 + R_2) - E_1 R_2 - E_c R_2$$

Sustituimos el valor de E_x conseguido en la primera ecuación:

$$E_0 R_1 = \left[\frac{(E_c + E_2) R_2}{(R_1 + R_2)}\right] \cdot (R_1 + R_2) - E_1 R_2 - E_c R_2$$

$$E_0 R_1 = E_c R_2 + E_2 R_2 - E_1 R_2 - E_c R_2$$

$$E_0 R_1 = (E_2 - E_1) \cdot R_2$$

$$E_0 = (E_2 - E_1) \cdot \frac{R_2}{R_1}$$

Si hacemos $R_2 = R_1$, entonces $E_0 = E_2 - E_1$.

Como podemos ver, el voltaje de salida sigue siendo el mismo que el obtenido con el montaje de la figura 26.

2.9. Montajes restadores con alta impedancia de entrada.

En la mayoría de los circuitos prácticos se persigue que su impedancia de entrada sea alta. De esta forma, la conexión de ese circuito a cualquier fuente de señal no produce ningún efecto sobre ésta, aislando la entrada de la salida y obteniendo además un consumo mínimo.

Veremos unos montajes de este tipo. En la entrada de la figura 31 usaremos dos reparadores para lograr la alta impedancia de entrada y atacaremos con sus salidas las entradas del restador.

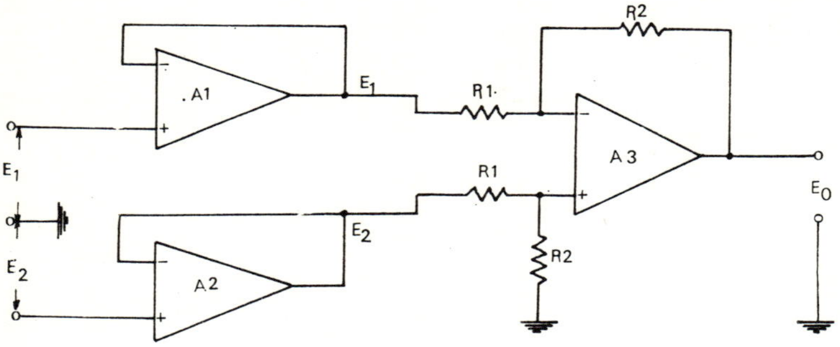

Fig. 31.

En esta figura los amplificadores A_1 y A_2 están montados como separadores, luego el voltaje en sus salidas es igual al de entrada y además, como sabemos, se caracteriza por tener una elevada impedancia de entrada.

El amplificador A_3 es un restador, y siendo $R_1 = R_2$, el voltaje de salida será $E_0 = E_2 - E_1$.

Otro circuito sería el de la figura 32, en el cual se logra la alta impedancia entrando por las entradas no inversoras de los amplificadores.

Demostraremos a continuación que el circuito funciona como un restador.

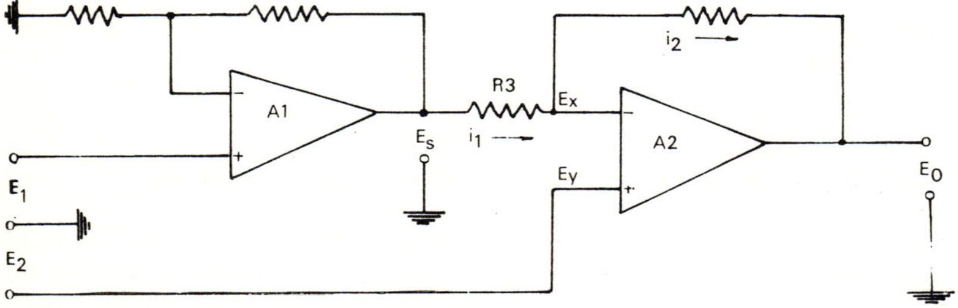

Fig. 32.

En la figura 32, el amplificador A_1 es un no-inversor y, como ya vimos, el voltaje en su salida será:

$$E_s = E_1 \frac{(R_2 + R_1)}{R_1}.$$

Para calcular el voltaje de salida E_0 vamos a dibujar el amplificador A_2 y de él hallaremos las dos ecuaciones.

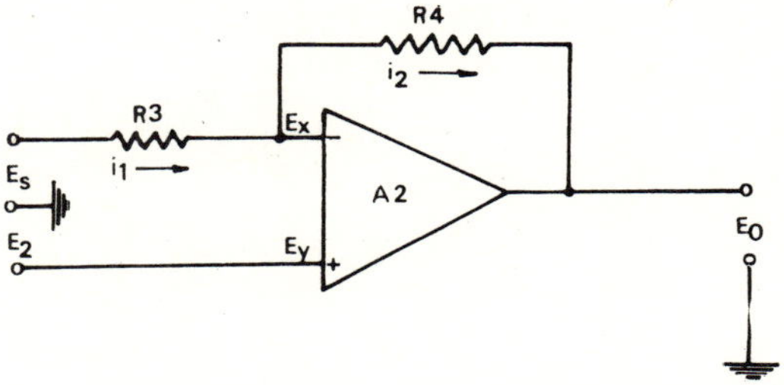

Fig. 33.

Primera ecuación: $E_x = E_y$.

Como a la entrada positiva le estamos aplicando la tensión E_2, se tiene $E_x = E_y = E_2$.

Segunda ecuación: $i_1 = i_2$.

$$i_1 = \frac{E_s - E_x}{R_3}$$

$$i_2 = \frac{E_x - E_0}{R_4}$$

Igualando:

$$\frac{E_s - E_x}{R_3} = \frac{E_x - E_0}{R_4}$$

$$E_s R_4 - E_x R_4 = E_x R_3 - E_0 R_3$$

$$E_0 R_3 = E_x (R_3 + R_4) - E_s R_4$$

Sustituimos los valores de E_s y E_x, anteriormente hallados:

$$E_0 R_3 = E_2 (R_3 + R_4) - \left[E_1 \frac{(R_2 + R_1)}{R_1} \right] \cdot R_4$$

$$E_0 = E_2 \left(\frac{R_3 + R_4}{R_3} \right) - E_1 \left(\frac{R_2}{R_1} + 1 \right) \cdot \frac{R_4}{R_3}$$

$$E_0 = E_2 \left(1 + \frac{R_4}{R_3} \right) - E_1 \left(\frac{R_2}{R_1} + 1 \right) \cdot \frac{R_4}{R_3}$$

Si hacemos $\frac{R_1}{R_2} = \frac{R_4}{R_3}$, para el rechazo común, tendremos:

$$E_0 = E_2 \left(1 + \frac{R_4}{R_3} \right) - E_1 \left(\frac{R_2 \cdot R_4}{R_1 R_3} + \frac{R_4}{R_3} \right)$$

$$E_0 = E_2 \left(1 + \frac{R_4}{R_3} \right) - E_1 \left(1 + \frac{R_4}{R_3} \right)$$

$$E_0 = (E_2 - E_1) \left(1 + \frac{R_4}{R_3} \right)$$

Como podemos ver en esta última ecuación, la tensión de salida es la diferencia entre los voltajes de entrada (restador), multiplicada por una ganancia, que depende de los valores de R_4 y R_3. Para hacerla igual a la unidad, o muy próxima, tendremos que hacer $R_3 \gg R_4$.

2.10. Amplificadores de puentes.

Este tipo de montaje se suele emplear en los sistemas de medida de presión, fuerza y empuje. Suelen estar formados por un traductor en puente, que tiene una rama variable con la fuerza que se le aplique.

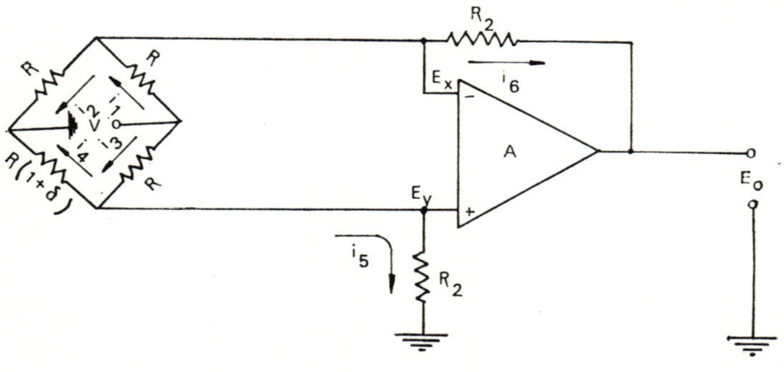

Fig. 34.

Para ver mejor este circuito, lo vamos a dibujar de la siguiente forma:

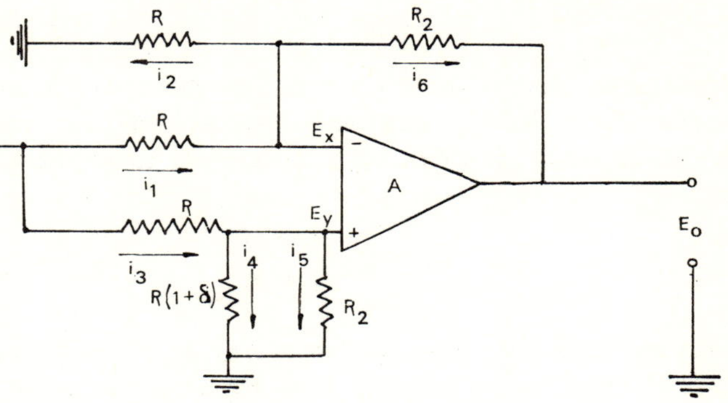

Fig. 35.

Aquí sacaremos una ecuación más que las acostumbradas:
Primera ecuación: $i_3 = i_4 + i_5$.

$$i_3 = \frac{V - E_y}{R}$$

$$i_4 = \frac{E_y}{R(1+\delta)}$$

$$i_5 = \frac{E_y}{R_2}.$$

Igualando:

$$\frac{V - E_y}{R} = \frac{E_y}{R(1+\delta)} + \frac{E_y}{R_2}$$

$$\frac{V}{R} - \frac{E_y}{R} = \frac{E_y}{R(1+\delta)} + \frac{E_y}{R_2}$$

$$\frac{V}{R} = E_y \left(\frac{1}{R(1+\delta)} + \frac{1}{R_2} + \frac{1}{R} \right)$$

$$V = E_y \left[\frac{R}{R(1+\delta)} + \frac{R}{R_2} + \frac{R}{R} \right]$$

$$V = E_y \left[\frac{1}{(1+\delta)} + 1 + \frac{R}{R_2} \right] = E_y \left[\frac{1+1+\delta}{1+\delta} + \frac{R}{R_2} \right] = E_y$$

$$\left[\frac{2+\delta}{1+\delta} + \frac{R}{R_2} \right]$$

Si consideramos la resistencia de realimentación mucho mayor que la del puente ($R_2 \gg R$), ya que nos interesa que las variaciones del voltaje de salida sean grandes, con pequeñas variaciones de entrada, tendremos:

$$E_y = V \frac{(1+\delta)}{(2+\delta)}$$

Esta primera ecuación, como podemos ver, se ha planteado con el fin de conseguir el valor de E_y que nos hará falta para calcular el voltaje de salida.

Segunda ecuación: $i_1 = i_2 + i_6$.

$$i_1 = \frac{V - E_x}{R}$$

$$i_2 = \frac{E_x}{R}$$

$$i_6 = \frac{E_x - E_0}{R_2}.$$

Igualando, tendremos:

$$\frac{V - E_x}{R} = \frac{E_x}{R} + \frac{E_x - E_0}{R_2}$$

$$\frac{V}{R} - \frac{E_x}{R} = \frac{E_x}{R} + \frac{E_x}{R_2} - \frac{E_0}{R_2}$$

$$\frac{E_0}{R_2} = E_x \left(\frac{1}{R} + \frac{1}{R_2} + \frac{1}{R} \right) - \frac{V}{R}$$

$$E_0 = E_x \left(\frac{2}{R} + \frac{1}{R_2} \right) R_2 - V \frac{R_2}{R}$$

Como sabemos, existe otra ecuación que es $E_x = E_y$ y podemos sustituir este valor en E_0.

$$E_0 = V \frac{(1+\delta)}{(2+\delta)} \times \left(\frac{2}{R} + \frac{1}{R_2} \right) R_2 - V \frac{R_2}{R}$$

Como $R_2 \gg R$, entonces $\frac{1}{R_2} \Rightarrow 0$ y

$$E_0 = V \cdot \frac{R_2}{R} \cdot \left[\frac{2(1+\delta)}{2+\delta} \right] - V \frac{R_2}{R} = V \frac{R_2}{R} \left[\frac{(2+2\delta)}{(2+\delta)} - 1 \right]$$

$$E_0 = V \cdot \frac{R_2}{R} \cdot \left(\frac{2+2\delta-2-\delta}{2+\delta} \right) = V \frac{R_2}{R} \left[\frac{\delta}{2+\delta} \right]$$

Como las variaciones de la rama variable son muy pequeñas, $\delta \leqslant 1$ y con ello $(2+\delta) \approx 2$

$$E_0 = V \cdot \frac{R_2}{R} \cdot \frac{\delta}{2}.$$

Al ser la ganancia (R_2/R) muy grande, podemos conseguir que las variaciones pequeñas de entrada $(\delta/2)$ sean muy notables a la salida.

2.11. Impedancia de salida de los amplificadores en lazo cerrado.

Siendo Z_{out} la impedancia de salida de un amplificador operacional en lazo abierto y Z_{clout} la del lazo cerrado, vamos a demostrar que esta última es mucho menor que la primera. Esto es muy importante, puesto que nos aproximamos más al amplificador ideal, ya que una de sus características es la de tener una impedancia de salida prácticamente nula

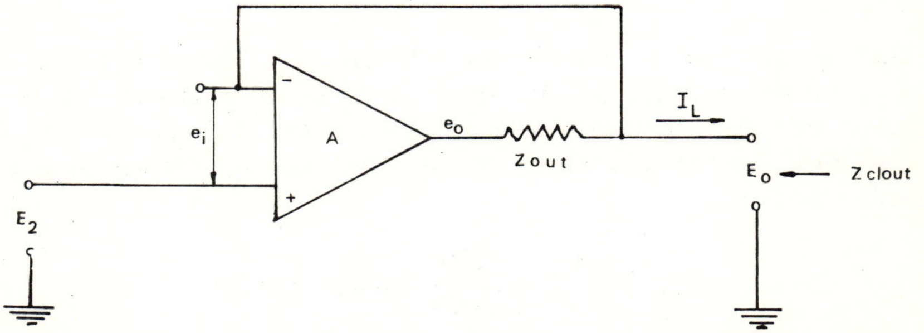

Fig. 36.

Si cargamos el circuito y queremos mantener un incremento de corriente de salida, debemos aumentar la tensión de salida e_0, ya que:

$$\Delta e_0 = \Delta I_L \cdot Z_{out} \Rightarrow \Delta I_L = \frac{\Delta e_0}{Z_{out}}.$$

Pero esta tensión de salida se mantendrá si aumentamos la de la entrada negativa, ya que:

$$\Delta e_0 = \Delta e_i \cdot A,$$

siendo A la ganancia en lazo abierto. Como este montaje es un separador:

$$\Delta e_i = \Delta E_0.$$

La impedancia de salida en lazo cerrado será:

$$Z_{clout} = \frac{\Delta E_0}{\Delta I_L} = \frac{\Delta E_0}{\frac{\Delta e_0}{Z_{out}}}$$

$$Z_{clout} = \frac{\Delta E_0}{\Delta e_0} \cdot Z_{out} = \frac{\Delta E_0 \cdot Z_{out}}{\Delta e_i \cdot A}$$

$$Z_{clout} = \frac{\Delta E_0 \cdot Z_{out}}{\Delta E_0 \cdot A} = \frac{Z_{out}}{A}.$$

En esta última ecuación vemos que la impedancia de salida en lazo cerrado es igual a la del lazo abierto, dividido por la ganancia en lazo abierto.

Supongamos que el amplificador uA702A es el que empleamos para el montaje de la figura 34. Al buscar en el catálogo vemos que la impedancia de salida en lazo abierto es 200 ohmios y su ganancia en lazo abierto 6000. Entonces, la impedancia de salida en lazo cerrado será aproximadamente:

$$Z_{clout} = \frac{Z_{out}}{A} \approx \frac{200}{6000} \approx 0{,}033 \text{ ohmios},$$

o sea, prácticamente nula.

2.12. Impedancia de entrada de los amplificadores operacionales en lazo cerrado.

Siendo Z_{in} la impedancia de entrada de un amplificador operacional en lazo abierto y Z_{cl} la del lazo cerrado, vamos a demostrar que la segunda es mucho mayor que la primera. De modo que en lazo cerrado nos acercaremos más al amplificador ideal.

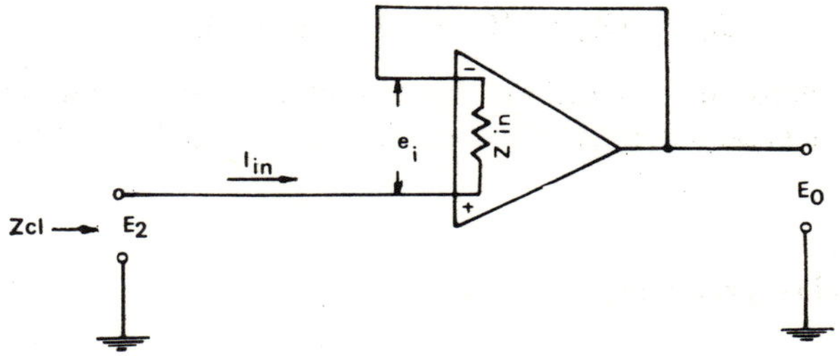

Fig. 37.

El voltaje en la entrada del amplificador, e_i, es igual al de salida, dividido por la ganancia en lazo abierto.

$$e_i = \frac{E_0}{A}$$

Como el voltaje de la entrada positiva es igual que el de salida podemos poner que:

$$e_i = \frac{E_0}{A} = \frac{E_2}{A}.$$

La corriente de entrada I_{in} será igual al voltaje que hay en la entrada dividido por la impedancia del amplificador en lazo abierto:

$$I_{in} = \frac{e_i}{Z_{in}} = \frac{E_2}{AZ_{in}}.$$

La impedancia de entrada en lazo cerrado Z_{cl} será pues:

$$Z_{cl} = \frac{E_2}{I_{in}} = \frac{E_2}{\dfrac{E_2}{AZ_{in}}} = AZ_{in}.$$

Luego la impedancia de entrada en lazo cerrado es igual al producto de la ganancia por la impedancia de entrada en lazo abierto.

Supongamos que el amplificador de la figura 37 es el uA741C y al buscar en catálogo tendremos:

IMPEDANCIA DE ENTRADA LAZO ABIERTO = 10^6 ohmios
GANANCIA LAZO ABIERTO = 10^5

Entonces, la impedancia en lazo cerrado será:

$$Z_{cl} = AZ_{in} = 10^5 \times 10^6 = 10^{11} \text{ ohmios.}$$

Con ello vemos que al utilizar los amplificadores operacionales en lazo cerrado nos acercamos más a las características del amplificador operacional ideal.

2.13. Ejercicios prácticos.

2.13.1. Montaje inversor.

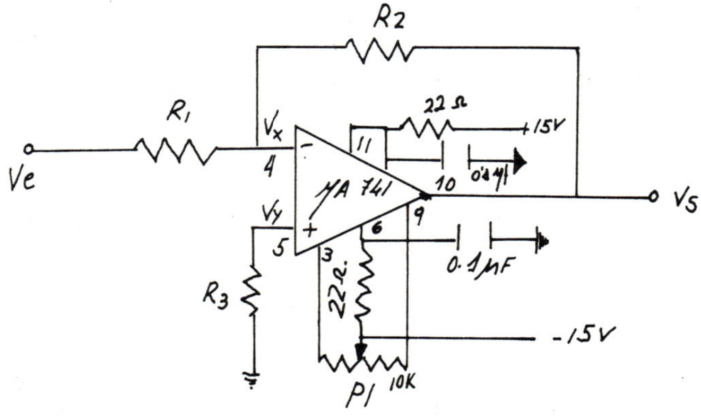

Fig. 38.

a) Realizar el montaje de la figura. Comprobar que la relación $R_2/R_1 = 3$, nos dará una ganancia $A \doteqdot 3$ en la salida.

b) Recordar que el valor de R_3 deberá ser $R_1 R_2/R_1 + R_2$, para evitar los errores que las derivas en las corrientes de polarización puedan causar en la tensión de salida.

c) Observar que al cortocircuitar R_3 no se produce una variación apreciable en la salida, ya que ésta sólo se notará en aplicaciones de bajo nivel o en circuitos de alta impedancia.

d) Recuerden que siempre se deberá ajustar el cero del amplificador cortocircuitando la entrada V_1 a masa.

e) Invertir la polaridad de entrada, comprobando que la señal de salida también se invertirá.

f) Aplicar una señal senoidal en la entrada y comprobar que la ganancia en la salida se mantiene.

g) Aplicar dos voltios a la entrada y, sin variar R_1, comprobar que un valor de R_2, que haga la relación R_2/R_1 mayor que 7, saturará el amplificador a negativo.

2.13.2. Montaje no inversor.

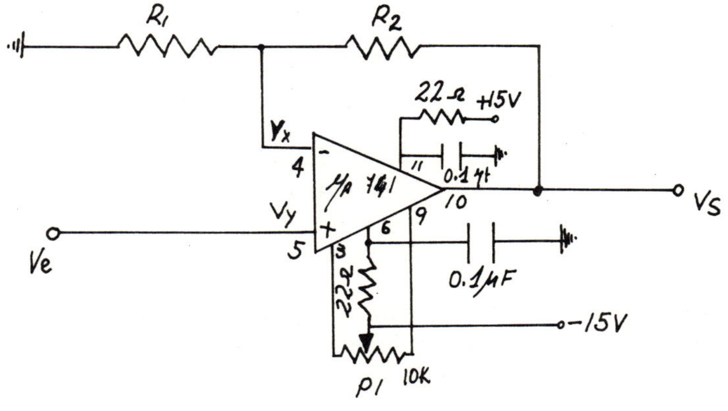

Fig. 39.

a) Realizar el montaje de la figura. Comprobando que si la relación $\frac{R_2 + R_1}{R_1} \div 3$, la ganancia del lazo será $A = 3$.

b) Ajustar el cero del amplificador por medio de P_1 y cortocircuitando a masa la entrada V_1.

c) Aplicar un voltio positivo a la entrada y comprobar que la ganancia es 3 y que no se produce inversión de signo.

d) Invertir la polaridad de entrada comprobando que la salida seguirá ahora a la entrada, siendo negativa.

e) Aplicar una señal senoidal, comprobando que no estará invertida y que la ganancia seguirá siendo $A = 3$.

f) Aplicando dos voltios a la entrada y sin variar R_1, comprobar que el valor de R_2 para que el amplificador se sature a positivo deberá ser al menos seis veces el de R_1.

g) Poner $R_2 = 5K$ y dejando R_1 en el valor inicial, aplicar una onda senoidal. Elevar la amplitud de la señal de entrada hasta que la salida del operacional sea una onda cuadrada.

2.13.3. Montaje separador o buffer.

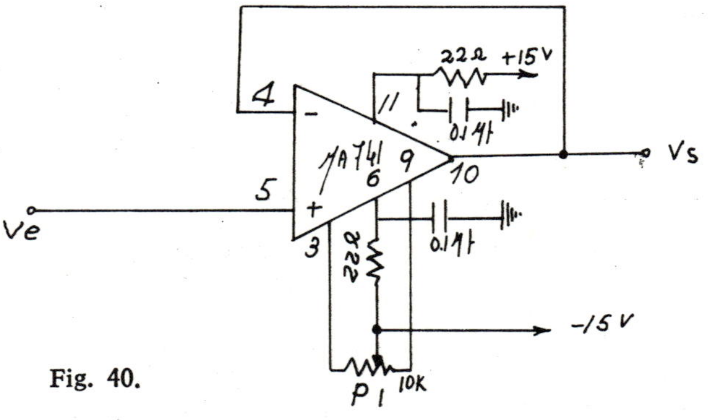

Fig. 40.

a) Realizar el montaje de la figura y aplicar una señal de corriente continua. Observar que la señal de salida no sufre alteración ninguna, siendo igual que la de entrada.

b) Colocar en el circuito de realimentación un miliamperímetro de c.c. y comprobar que apenas pasa corriente.

c) Colocar una resistencia en serie con el miliamperímetro y comprobar que sigue sin pasar corriente apreciable.

d) Repetir los puntos a), b) y c) con una señal senoidal comprobando que los resultados son idénticos a los de c.c.

e) Aplicar a la entrada no inversora (+) la salida de calibración del oscilografo "cal out" y observar con el oscilografo que a la salida del amplificador tenemos la misma señal de entrada.

f) ¿Han ajustado el cero del amplificador? Si no es así las medidas habrán sido falseadas. Repítanlas.

2.13.4. Sumador inversor.

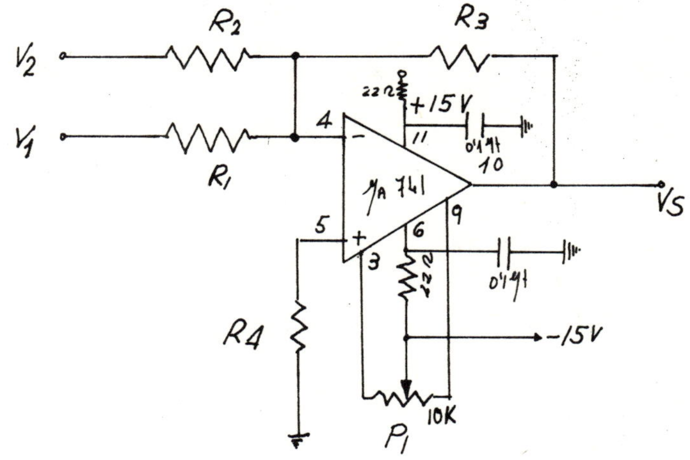

Fig. 41.

a) Realizar el montaje y comprobar que si $R_3 = R_2 = R_1$, la señal de salida será $-(V_2 + V_1)$, con ganancia, por tanto, de $A = 1$ y con inversión.

b) Aplicar a la entrada V_2 dos voltios y a la V_1 cinco voltios. Comprobar que la salida es de siete voltios.

c) Aplicar en V_2 una señal senoidal de 2 Vpp y en V_1 otra, pero de tensión continua 1 V; observar que la señal de salida es igual que la de V_2, pero con una componente continua de 1 V.

d) Aplicar en V_2 una señal senoidal de 2 Vpp y en V_1 otra también senoidal de 1 Vpp. Observar que la salida es la suma de las dos señales, punto a punto, en el tiempo.

e) Aplicar una señal senoidal de 2 Vpp en V_1 y una señal de onda cuadrada de 2 Vpp en V_2; comprobar que la salida es la suma en el tiempo de ambas señales.

f) Cortocircuitar R_4, cuyo valor deberá ser la resultante paralela de R_1, R_2, R_3, y comprobar que solamente producirá un efecto apreciable en caso de muy baja amplitud o en circuitos de alta impedancia.

2.13.5. Sumador no inversor.

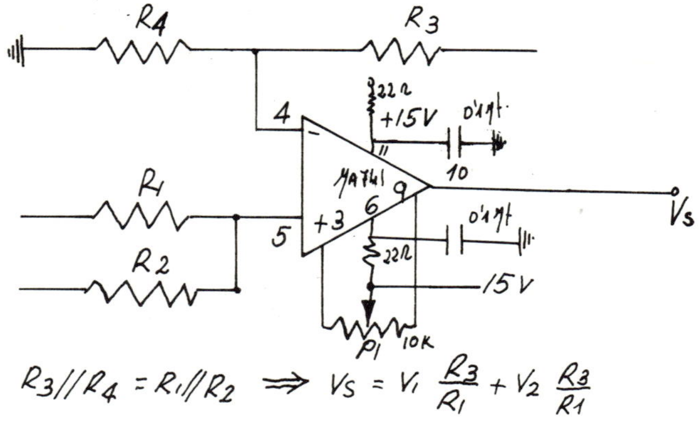

Fig. 42.

a) Comprobar que la función de salida responde a la expresión $V_s = V_1 \dfrac{R_3}{R_1} + V_2 \dfrac{R_3}{R_2}$. Siempre que $R_3//R_4 = R_1//R_2$.

b) Colocar los valores de las resistencias para que la ganancia por rama sea la unidad.

c) Ajusten el cero del amplificador por medio del potenciómetro P_1.

d) Aplicar 5 V en V_1, — 5 V en V_2 y comprobar que la salida es cero.

e) Aplicar 2 V en V_1, 5 V en V_2 y ver que la salida es 7 V.

f) Aplicar 2 V en V_1 y una onda senoidal de 2 Vpp en V_2. Observar la salida y ver que tiene la misma amplitud que V_2, pero con una componente continua de 2 V.

g) Aplicar una onda senoidal de 2 Vpp en V_1 y una onda cuadrada de 2 Vpp en V_2. Comprobar que la salida es la suma, punto a punto, en el tiempo, de ambas señales.

CAPITULO 3

3.1. Compensación de frecuencia.

La mayor parte de la precisión dada por los amplificadores operacionales se obtiene gracias a la realimentación negativa, en estos amplificadores de alta ganancia. Como con cualquier sistema de realimentación, el desplazamiento de fase del lazo de realimentación debe ser controlado para mantener la estabilidad de frecuencia. Si el desplazamiento de fase en el lazo alcanza 360°, en una frecuencia para la cual la ganancia es la unidad, la realimentación se hará positiva, ayudando a la señal de entrada y resultando una oscilación sostenida en esa frecuencia. La inversión de fase de la realimentación produce 180° de desfase, pero otros 180° pueden desarrollarse en el amplificador o en la realimentación para producir oscilación. El desfase desarrollado a través del amplificador operacional es el desplazamiento combinado de sus varias etapas y puede ocasionar 180° de desfase en el lazo de realimentación. Para asegurar estabilidad de frecuencia, en condiciones de realimentación, suele utilizarse la llamada compensación de fase en los amplificadores operacionales.

La compensación de fase reduce la ganancia del amplificador en las frecuencias en las cuales el desplazamiento de fase es alto, y reduce también el desplazamiento de fase en ganancias altas, aceptando mayor desplazamiento de fase en bajas frecuencias.

En las siguientes secciones serán discutidas las técnicas de compensación de fase, usando diagramas de Bode.

La línea aproximadamente recta de respuesta de los diagramas de Bode permite una rápida evaluación visual de la estabilidad de frecuencia y características de respuestas de la mayoría de los amplificadores operacionales.

3.2. Ganancia en lazo abierto. Diagramas de Bode.

Las casas fabricantes suelen dar en los catálogos unas curvas de respuesta de frecuencia de los amplificadores operacionales y a estos diagramas se les llama *Diagramas de Bode.*

Sabemos que la ganancia en voltaje de un amplificador operacional es la relación del voltaje de salida E_0, al de entrada E_i. También podemos dar esta ganancia en decibelios y es:

$$20 \lg \frac{E_0}{E_i}.$$

En los diagramas de Bode, en el eje vertical (y) se suele representar la ganancia en decibelios y en el horizontal (x), se coloca la frecuencia a la cual se hace trabajar al amplificador en pruebas.

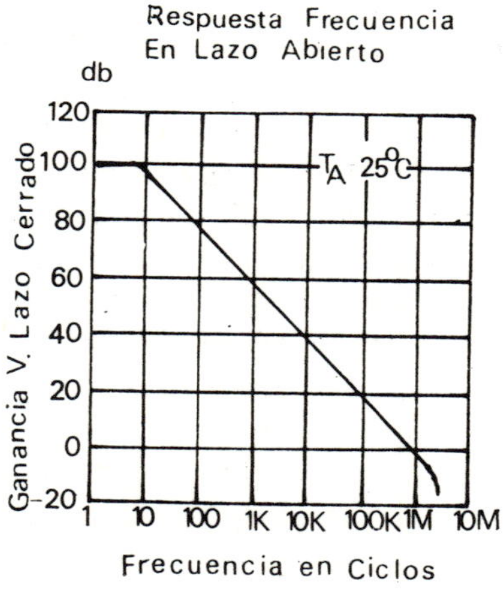

Fig. 43.

En la figura 43 tenemos la respuesta de frecuencia del amplificador FAIRCHILD uA741C, en lazo abierto (diagrama de Bode). En ella podemos observar que hasta la frecuencia de 9 Hz, la ganancia es muy elevada (100 dB) y que va disminuyendo con una pendiente de 20 dB por década.

3.3. Ganancia en lazo cerrado.

Algunos fabricantes suelen dar la respuesta de frecuencia de sus amplificadores en lazo cerrado. En la figura 37 podemos ver un diagrama de Bode del amplificador uA709 y debemos tener en cuenta que la ganancia en lazo cerrado la podemos variar con la impedancia de realimentación y la de entrada, pero nunca podrá ser mayor que la que nos da el fabricante.

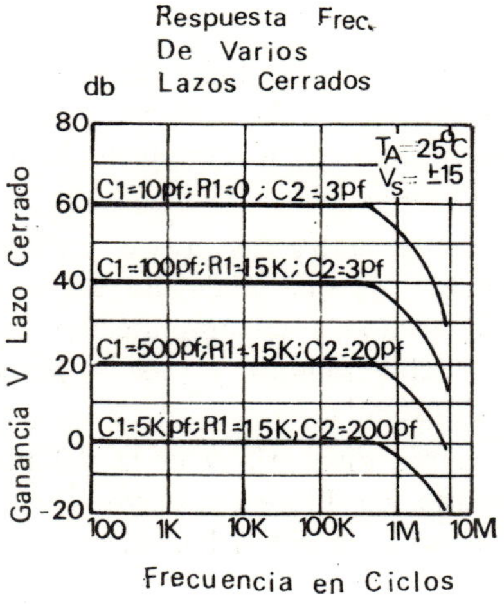

Fig. 44.

Este diagrama nos da cuatro curvas distintas, según sean los valores de los tres componentes que podemos cambiar. Lo único que varía en esta figura es la ganancia del lazo cerrado, que va de 0 a 60 dB.

Estas curvas, como se ve en la parte superior derecha, han sido conseguidas con una alimentación del amplificador de $\pm$ 15 V, en una temperatura de 25°C.

La figura 45 es la que da la casa FAIRCHILD para la compensación de frecuencia. Los componentes C_1, C_2 y R_1 son los que vienen en la figura 44 y R_2 nos dice el fabricante que se usará con un valor de 50 Ω cuando el amplificador trabaje con carga capacitiva.

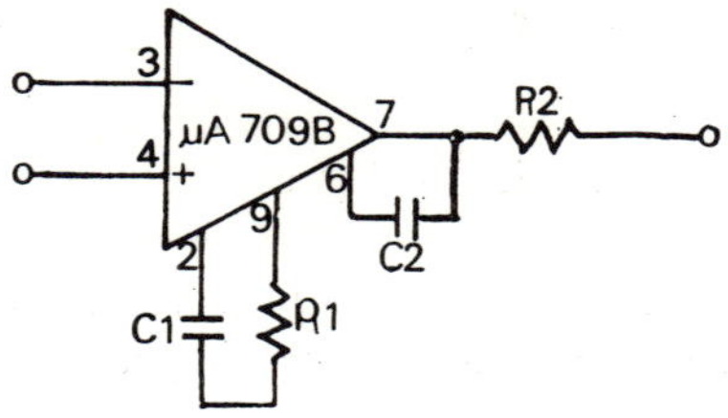

Fig. 45.

3.4. Estabilidad.

Un amplificador operacional montado en lazo cerrado no puede dar más ganancia que cuando está en lazo abierto. Así, en altas frecuencias, los diagramas de Bode en lazo cerrado se encuentran y siguen la curva de ganancia en lazo abierto.

El punto de intersección entre las curvas en lazo cerrado y en lazo abierto es muy importante, porque el ángulo entre ellas o, con más precisión, la pendiente, determina si el amplificador operacional es estable o no. El sistema será estable siempre y cuando la pendiente sea inferior a 12 dB/octava o 40 dB/década.

En la figura 46, la curva discontinua es la del lazo abierto y el trazo continuo es el lazo cerrado. La diferencia entre la ganancia en lazo abierto y en lazo cerrado se llama ganancia del lazo.

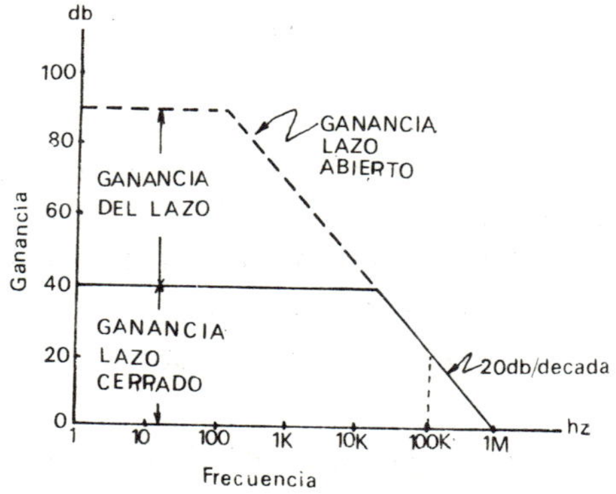

Fig. 46.

La pendiente en esta curva es de 20 dB/década, luego este sistema sería estable.

3.5. Cambio de compensación de frecuencia.

Después de compensar un amplificador, podemos volver a cambiar su respuesta siguiendo las instrucciones del fabricante, que normalmente nos da los valores de los elementos que tenemos que cambiar y entre qué terminales debemos colocar estos elementos. En la figura 44 y en la 45, tenemos un diagrama de Bode y el esquema práctico del UA709, y en la 47 el esquema interno de este mismo amplificador.

Dibujamos la configuración interna sólo para que el lector pueda ver en el circuito qué modificación se realiza para hacer la compensación de frecuencia.

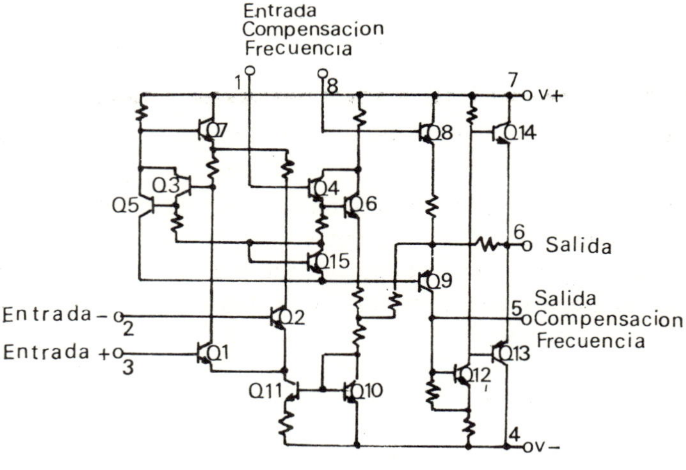

Fig. 47.

Para dejar bien clara la compensación de frecuencia vamos a poner el esquema práctico y el diagrama de Bode del amplificador UA727, en la figura 48.

Como vemos, en el caso sin compensar la ganancia será de unos 40 dB hasta unos 200 KHz, cayendo luego para frecuencias mayores. Con

$C_1 = 0{,}05\ \mu F$ y $R_1 = 20\ K\Omega$, la ganancia va disminuyendo de 10 a $\approx$ 500Hz, manteniéndose luego constante (20 dB) hasta unos 500 kHz.

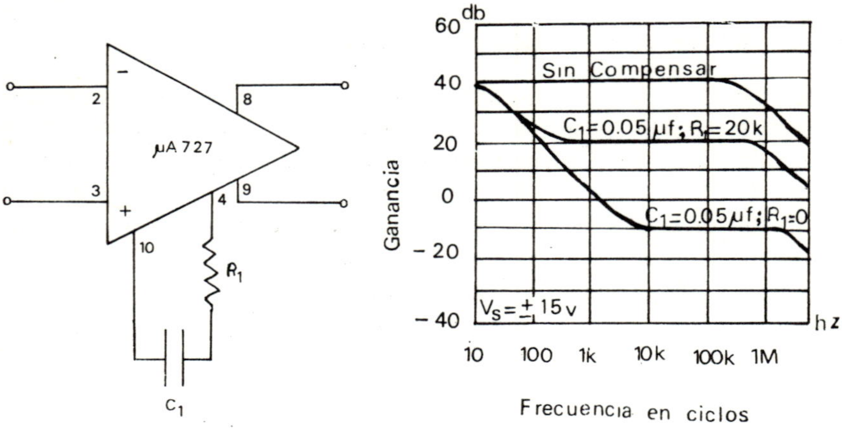

Fig. 48.

3.6. Offset.

Se define como la tensión de entrada requerida para que la de salida sea nula.

Cuando aplicamos una tensión nula a la entrada de un amplificador, debido a su constitución interna aparece en la salida una tensión distinta de cero, por muy pequeña que sea, es un error a considerar, ya que normalmente se trabaja con ganancias muy elevadas.

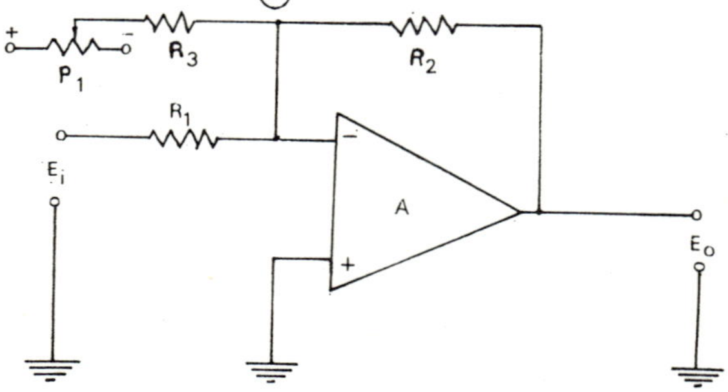

Fig. 49.

Existen distintas formas de anular la tensión de offset, según sea el montaje.

Supongamos que al circuito de la figura le aplicamos un voltaje cero a la entrada y que el de salida es distinto de cero. Para eliminar esta pequeña señal de salida tenemos que sumarle en el punto *A*, al voltaje de entrada, otro que viene de un divisor, para conseguir que $E_0 = 0$. Prácticamente, se cortocircuita la entrada a masa y se ajusta con el potenciómetro P_1 hasta que E_0, medido con un voltímetro, sea cero.

3.7. Distintos montajes para ajustar el Offset cuando el fabricante no proporciona terminales para ello.

Cuando nos encontramos con un amplificador en el cual el fabricante no ha puesto ningún terminal para ajustar el Offset, tenemos que anularlo por medio de divisores de tensión.

Circuito inversor.

Como sabemos, la única finalidad de este circuito es la de tener una tensión de salida de distinta polaridad que la de entrada.

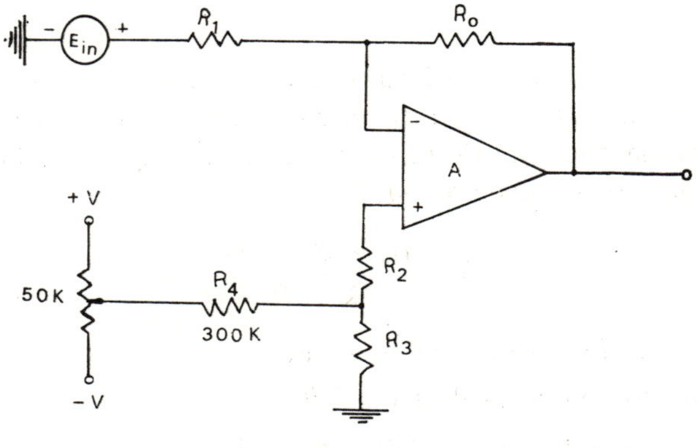

Fig. 50.

Si con una tensión nula ($E_{in} = 0$) de entrada, no fuese cero la de salida, tenemos que variar el potenciómetro hasta conseguirlo. Lo que hacemos es aplicarle a la entrada positiva un voltaje del divisor, de polaridad opuesta al de salida. Con ello transformaremos este montaje inversor en un restador, ya que a la salida tendremos lo que le aplicamos a la entrada positiva (valor constante) menos lo de la negativa, y multiplicado por la ganancia, que en este caso es R_0/R_1.

Los valores de los componentes serán:

$R_3 = 10$ ohmios, para los modelos de bajo *drift*

$R_4 \gg R_3 \approx 300$ KΩ

$R_2 + R_3 = R_1 \parallel R_0$.

Circuito no inversor.

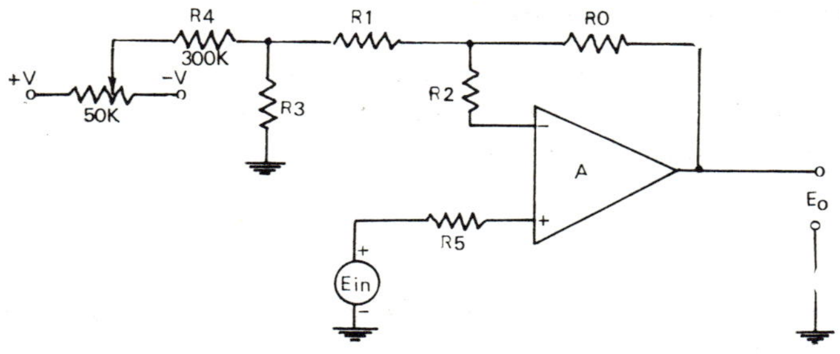

Fig. 51.

Aquí hacemos exactamente igual que en el inversor, pero en la entrada negativa. La tensión que le aplicamos en la entrada inversora para anular el offset de salida debe ser de la misma polaridad que la salida.

La ganancia, como sabemos, será:

$$G = \frac{R_0 + R_1 + R_3}{R_1 + R_3}$$

Los valores de los componentes serán:

$R_3 = 10$ Ω para los modelos de bajo *drift*

$R_1 \geqslant 100\ R_3$ para ganancias menores de 10

$R_2 = R_5 - (R_1 + R_3) \parallel R_0$.

Circuito restador

Como vemos en la figura, se suele hacer $R_0 = R_2 + R_3$, para facilidad de cálculo.

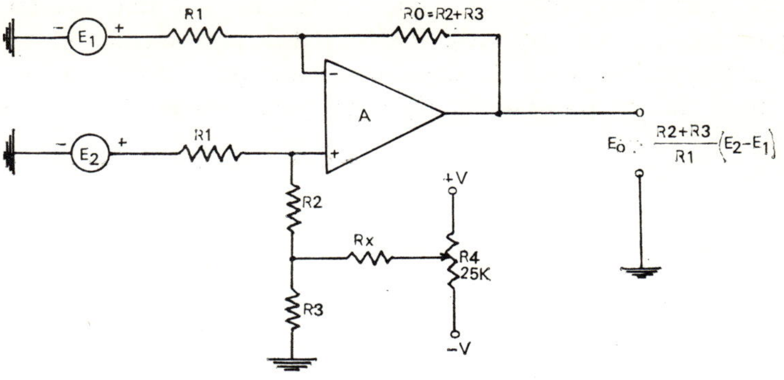

Fig. 52.

Los valores de los componentes serán:

$R_2 > 10$ KΩ

$R_3 = 10$ Ω para modelos de bajo *drift*

$$R_x = 10^6 \left(\frac{R_1}{R_1 + R_2} \right)$$

3.8. Ajuste del Offset cuando el fabricante proporciona terminales para ello.

En ciertos amplificadores, los fabricantes suelen dar unos terminales para que exteriormente se pueda ajustar el offset, sin tener que actuar sobre los terminales de entrada de señal.

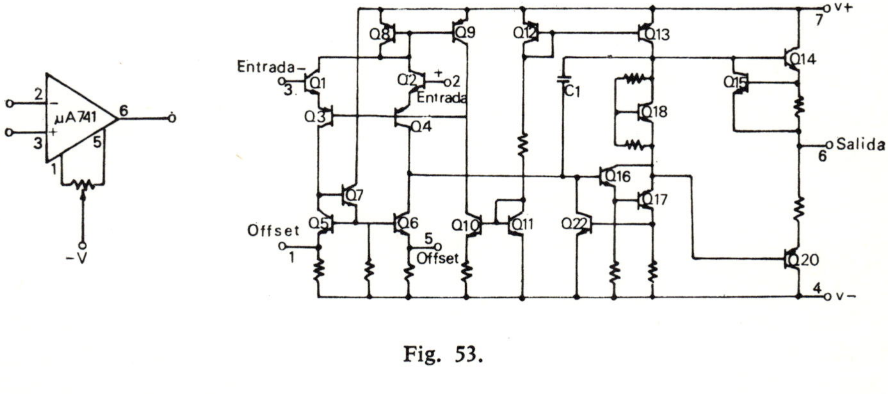

Fig. 53.

En la figura 53 tenemos el esquema eléctrico del amplificador UA741 y el montaje que nos aconseja FAIRCHILD para ajustar el voltaje de offset. Como podemos ver, lo único que hacemos es polarizar las uniones base-emisor de los transistores Q_5 y Q_6 para desequilibrar las entradas Q_1 y Q_2.

CAPITULO 4

4.1. Detectores de tensión y comparadores.

Estos circuitos se suelen emplear para detectar una determinada tensión fijada por nosotros o comparar la señal de entrada con una tensión que consideramos como referencia. La señal de salida solamente tiene dos valores, según que el voltaje que comparamos sea mayor o menor que el de referencia.

Estos circuitos se emplean en algunos medidores de temperatura que usan la técnica de amplificar los milivoltios que da el termopar empleado como traductor para cargar un condensador.

Su finalidad es detectar el momento de la descarga en el cual la carga del condensador se hace cero.

— La tensión de referencia y la que queremos comparar se pueden aplicar ambas a una misma entrada, por ejemplo la negativa, o entradas distintas.

Vamos a estudiar varios detectores con distintas salidas.

4.2. Detectores con salida "Saturación-Saturación". Detectores de tipo diferencial.

Como ahora veremos, estos circuitos tienen dos niveles de salida, que coinciden con los de saturación positiva y negativa.

Aquí no existe lazo de realimentación o, lo que es lo mismo, está en lazo abierto, luego la ganancia de este amplificador será muy elevada, del orden de 10^6 (marcada por el fabricante en los catálogos).

Como ya sabemos, todo amplificador operacional nos dará en su salida la diferencia entre la tensión que le aplicamos a su entrada positiva y la de la negativa, multiplicada por la ganancia.

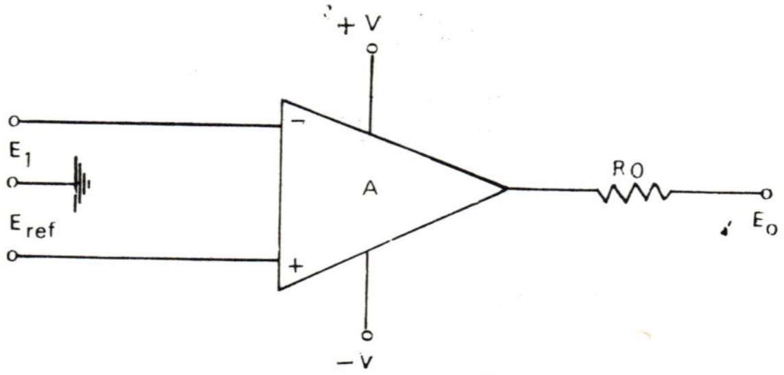

Fig. 54.

En el circuito de la figura 54, la tensión de salida será:

$$E_0 = (E_{ref} - E_1)\,A$$

Siendo:

A, la ganancia $= 10^6$

E_{ref}, el voltaje de referencia

E_1 el que queríamos detectar.

Nos pueden ocurrir dos cosas:

a) $E_1 < E_{ref}$.

b) $E_1 > E_{ref}$.

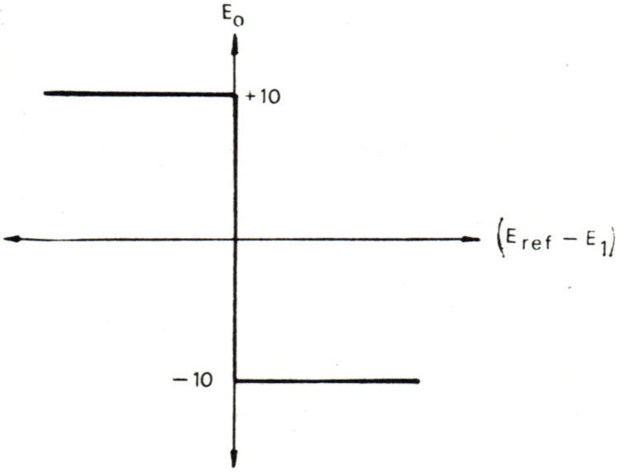

Fig. 55.

Supongamos que E_1 sea, por ejemplo, 10 μV menor que E_{ref}; entonces, el voltaje de salida será:

$$E_0 = (E_{ref} — E_1)\,A = (10 \times 10^{-6}) \cdot 10^6 = +\,10\ \text{V}$$

que coincide con el de saturación positiva.

Si fuese E_1, 10 μV mayor que E_{ref}, entonces:

$$E_0 = (E_{ref} — E_1)\,A = (—\,10 \times 10^{-6}) \cdot 10^6 = —\,10\ \text{V}$$

que es la saturación negativa.

La figura 55 es la respuesta de la tensión de salida a la señal de entrada al amplificador ($E_{ref} — E_1$).

4.3. Detectores con salida "Saturación-Saturación" y las dos señales de entrada en el mismo terminal.

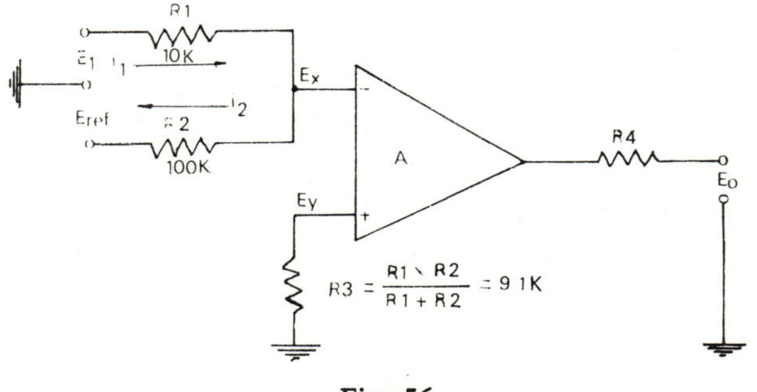

Fig. 56.

Tendremos en cuenta que estamos trabajando en lazo abierto y, como ya vimos en el capítulo 2, podremos considerar prácticamente ideal al operacional cuando trabaja en lazo cerrado, pero el error que cometeríamos ahora sería mayor. Así que tendremos en cuenta que E_x no es ahora exactamente igual a E_y, basándonos en ello para entender mejor los detectores de nivel.

En este circuito hemos conectado la entrada positiva a masa. Aunque nos parece que comparamos E_1 y E_{ref}, lo que realmente estamos comparando es E_x y E_y. Para comparar estos dos últimos voltajes, a E_x lo consideramos cero y puede ocurrir que sea mayor o menor que este valor.

Si $E_x = 0$, E_1 debe tener un valor que habremos de calcular para los valores que hemos dado de resistencia y E_{ref} (— 15 V). Para que $E_x = 0$ debe ocurrir que:

$$i_1 = i_2$$

$$\frac{E_1 - E_x}{R_1} = \frac{E_x - E_{ref}}{R_2}$$

$$\frac{E_1}{R_1} = \frac{-E_{ref}}{R_2}$$

$$E_1 = -E_{ref}\frac{R_1}{R_2}$$

$$E_1 = -(-15)\frac{10\ \mathrm{K}}{100\ \mathrm{K}} = +1{,}5\ \mathrm{V},$$

que es el que deseamos detectar.

La tensión de salida será:

$$E_0 = (E_x - E_y)\,A$$

Si $E_x > E_y$, E_1 deberá ser mayor que + 1,5 V y el amplificador se saturará en negativo (— 10 V).

Si $E_x < E_y$, E_1 deberá ser menor de + 1,5 V y el amplificador saturará a positivo (+ 10 V).

Aquí estamos comparando el voltaje E_1, que puede ser la salida de un equipo electrónico, y nos interesa saber si es mayor o menor que un valor determinado, en nuestro caso + 1,5 V.

4.4. Detectores con salida "Cero-Saturación" o Detector de nivel de tipo Sumador.

Este circuito es muy parecido al de la figura 56, con una pequeña variación, que es el estar en lazo cerrado. El elemento de realimentación es un diodo y sabemos cuando a este componente se le aplica una polarización directa de aproximadamente 0,6 V conduce y es como si fuera un cortocircuito. Pero cuando la polarización es inversa, no conduce y es un circuito abierto.

También la salida es distinta a la de la figura 56: en este caso es cero o más 10 V.

Supongamos que $E_1 < 1,5$ V. Entonces E_x se hará menor que cero y el voltaje de salida se saturará en positivo (+ 10 V).

$$E_0 = (E_y - E_x) A.$$

Como $E_y = 0$, tendremos:

$$E_0 = [0 - (-10^{-3})] A = +10 \text{ V}$$

Hemos supuesto que E_x es igual a un milivoltio negativo (— 1 mV).

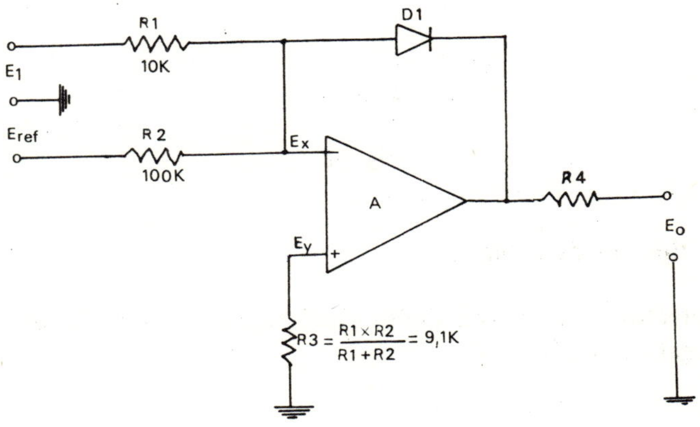

Fig. 57.

El diodo se encontrará con — 1 mV en placa y + 10 V en cátodo, luego estará inversamente polarizado y no conducirá. El amplificador estará entonces en lazo abierto y por lo tanto tendrá una gran ganancia.

Si fuese $E_1 > 1,5$ V (seguimos considerando los valores obtenidos en el anterior circuito con $V_{ref} = -15$ V y con los valores de R_1 y R_2 que teníamos), entonces E_x será positiva ($E_x > 0$), como el amplificador está montado como inversor el voltaje de salida será negativo. El diodo tendrá en placa un pequeño voltaje positivo (E_x) y en cátodo uno negativo, luego está directamente polarizado y por supuesto conducirá, haciendo un cortocirluito entre E_0 y E_x. Como $E_x = E_y$ y este último es cero, también lo será el voltaje de salida. Este voltaje no será realmente cero, sino que tendrá el valor del voltaje del diodo, que siendo pequeño se puede despreciar en principio (0,6 V).

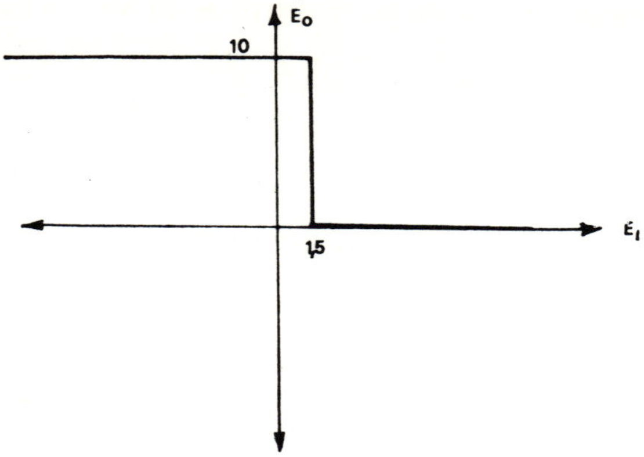

Fig. 58.

4.5. Otro tipo de detector.

Este detector se llama en inglés *Half Swing*. La tensión de salida satura en negativo, en —5 V.

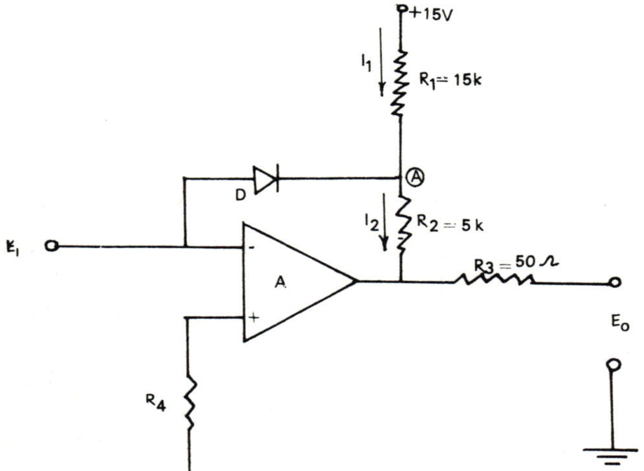

Fig. 59.

Supongamos que $E_i < 0$. Entonces la tensión de salida será positiva, polarizando inversamente el diodo y pasando el amplificador a estar en lazo abierto. La ganancia será muy elevada y hará que la tensión de salida pase a saturación (+ 10 V).

Si $E_i > 0$, el voltaje de salida se hace negativo, polarizando directamente el diodo y haciéndose el punto A, masa. Las corrientes i_1 e i_2 se harán iguales.

$$i_1 = \frac{+15 - VA}{R_1}$$

$$i_2 = \frac{VA - E_0}{R_2}$$

$$\frac{15}{15\,K} = \frac{-E_0}{5\,K}$$

$$E_0 = \frac{-15 \times 5\text{ K}}{15\text{ K}} = -5\text{ V}$$

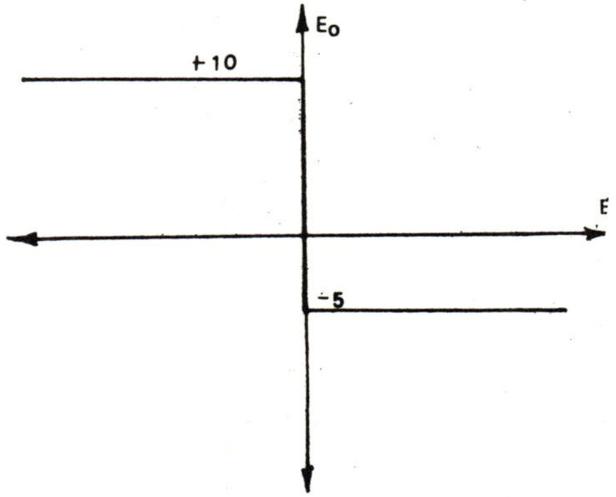

Fig. 60.

4.6. Disparador de Schmitt.

Tiene como finalidad convertir una señal senoidal en onda cuadrada. Es simplemente un detector

En el terminal negativo le aplicamos la señal del generador senoidal y el positivo lo llevamos a masa.

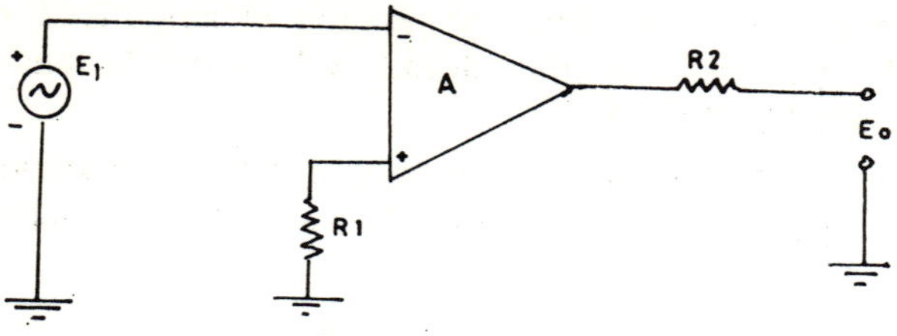

Fig. 61.

Siempre que la señal de entrada sea mayor que masa, la salida E_0 será el voltaje de saturación negativo. Si $E_i < 0$, la salida es la saturación positiva del amplificador.

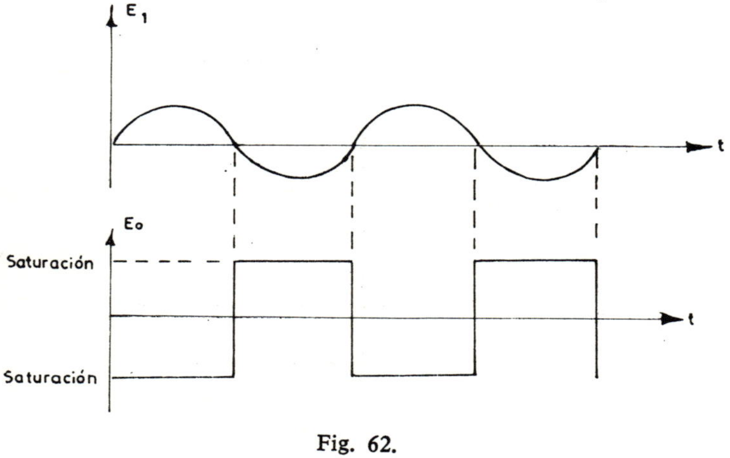

Fig. 62.

De igual forma podemos transformar cualquier tipo de señal periódica en una onda cuadrada de la misma frecuencia. Los niveles de esta onda cuadrada los elegimos a nuestro capricho, bien seleccionando el amplificador adecuado o montando el circuito para que dé esos valores deseados.

4.7. Limitadores.

Los montajes limitadores se pueden formar partiendo de cualquiera de los circuitos ya estudiados, y su finalidad es limitar el voltaje de salida a determinados valores.

Vamos a formar un limitador con un inversor y un diodo puesto en paralelo con la resistencia de realimentación.

La ganancia del inversor seguiría siendo R_2/R_1, como veremos, cuando la señal de entrada E_i fuese negativa, mientras que el voltaje de salida se limitaría a 0,6, si la señal de entrada pasase a ser positiva.

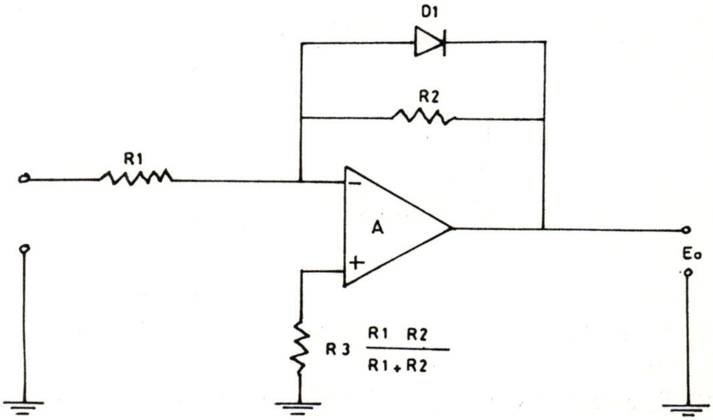

Fig. 63.

Patiremos para el estudio de este circuito de que la señal de entrada sea, por ejemplo, — 10 V. El voltaje de salida será $E_0 = -E_i \cdot R_2/R_1$. Considerando $R_2 = R_1$, $E_0 = +10$ V.

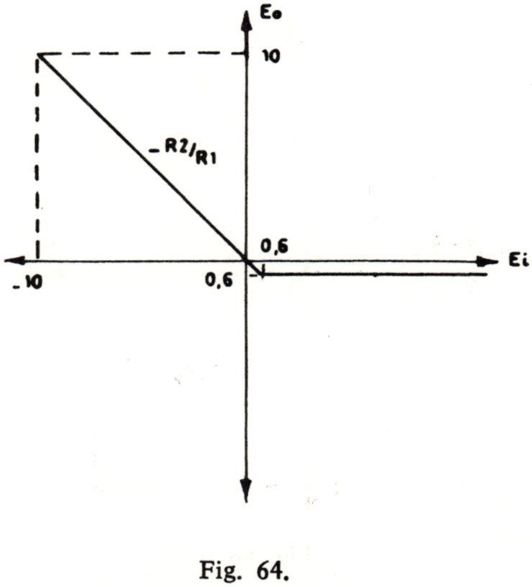

Fig. 64.

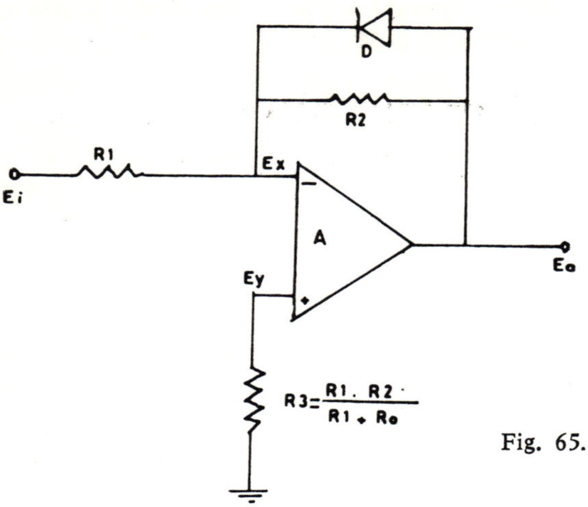

Fig. 65.

Si fuese $E_i = -5$ V, el voltaje $E_0 = +5$ V y si $E_i = 0$, obligaría a $E_0 = 0$.

Si E_i pasase a valer, por ejemplo, 0,6 V positivos, el voltaje de salida valdría —0,6 V, polarizándose directamente el diodo y conduciendo. De este momento en adelante, la diferencia de tensión que existe entre E_0 y masa sería de 0,6 V, que es el de polarización directa del diodo y, por tanto, la salida quedaría limitada a 0,6 V, como podemos ver en la figura 64.

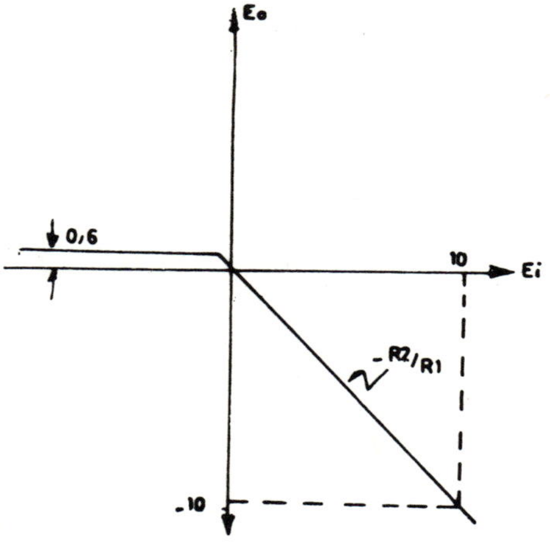

Fig. 66.

Si quisiéramos limitar la tensión de salida a 0,6 V positivos y mantener la ganancia cuando la tensión de entrada es positiva, el circuito de la figura 63, sería válido sólo con que invirtiéramos el diodo de realimentación.

La pendiente de la curva, igual que en el caso anterior, es $-R_2/R_1 = 1$. De igual forma podíamos haber hecho un limitador con un no inversor, o con un circuito restador.

4.8. Limitadores con diodo normal y diodo de Zener en serie.

Cuando queremos limitar la tensión de salida a otros valores distintos de 0,6 V, se suelen emplear un diodo de Zener en la realimentación, en serie de un diodo normal.

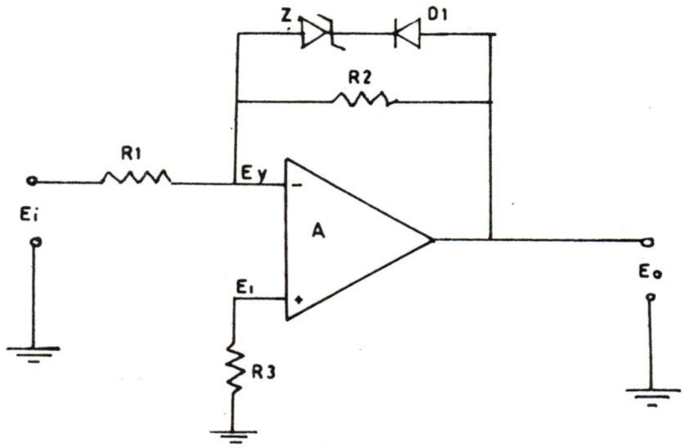

Fig. 67.

Partiremos de una señal de entrada $E_i = +10$ V, y considerando que $R_2 = R_1$. La tensión de salida será entonces $E_0 = -E_i \cdot R_2/R_1 = -10$ V. Con esto polarizamos directamente el Zener y conducirá, pero el diodo D_1 lo polarizamos inversamente, quedando el amplificador realimentado solamente por la resistencia R_2.

Si $E_i = 2$ V, $E_0 = -2$, quedando los diodos en las mismas condiciones.

Al pasar $E_i = -2$ V, la salida se hará positiva e igual a 2 V, polarizándose D_1 directamente y el Zener inversamente, pero sin alcanzar su codo, que vamos a considerar de 6,3 V.

Si E_i fuese $-6,9$ V, la salida sería 6,9 V positivos y al estar D_1 conduciendo, el Zener conseguiría su codo y mantendría entre sus extremos 6,3 V.

Por muy negativa que hagamos ahora la tensión de entrada, la de salida será:

$$E_0 = V_z + V_d = 6{,}3 + 0{,}6 = 6{,}9 \text{ V.}$$

Siendo:

V_z = tensión en bornes del diodo de Zener.

V_d = tensión del diodo polarizado directamente.

Las pendientes de la curva serían $-R_2/R_1$ y cero.

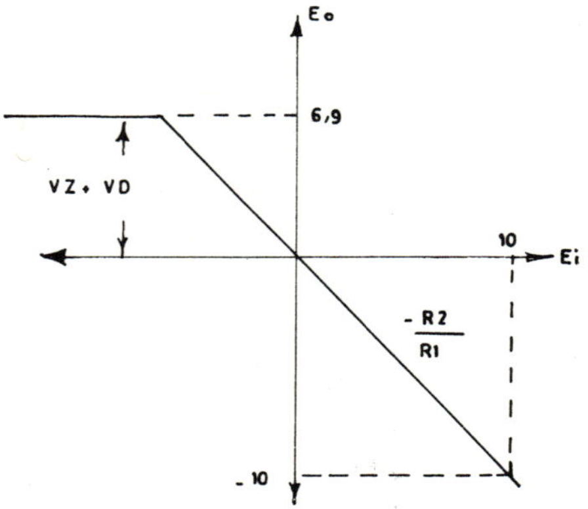

Fig. 68.

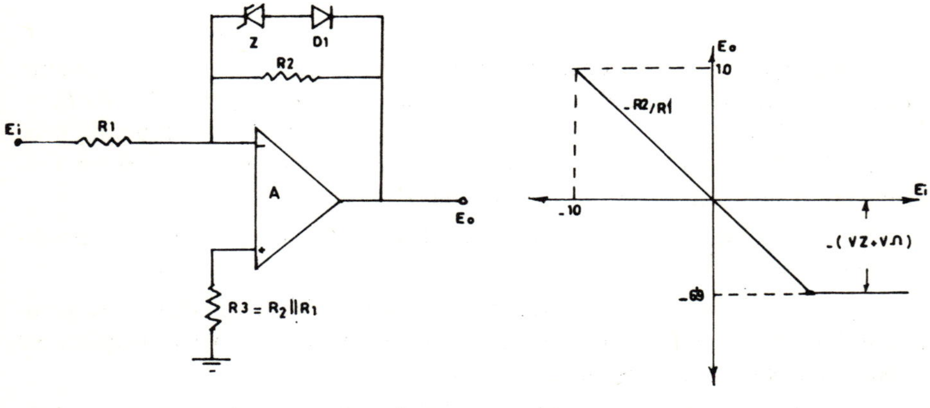

Fig. 69.

Si le diéramos la vuelta a los diodos conseguiríamos un limitador de tensión de salida a $-(V_z + V_d)$, que en nuestro caso, por considerar el Zener de 6,3 V, será $E_0 = -(6{,}3 + 0{,}6) = -6{,}9$ V.

4.9. Limitadores con diodos de Zener.

Estos circuitos van a limitar tanto la parte positiva como la negativa de la tensión de salida. Estos límites serán:

$$(V_z + V_d)$$

$$-(V_z + V_d)$$

Siendo V_z la tensión del Zener cuando ha conseguido el codo de su curva característica y V_d la de caída en el otro diodo cuando está polarizado directamente.

Una vez que se llegue al límite, tanto inferior como superior, un diodo estará polarizado inversamente (en el codo) y el otro directamente.

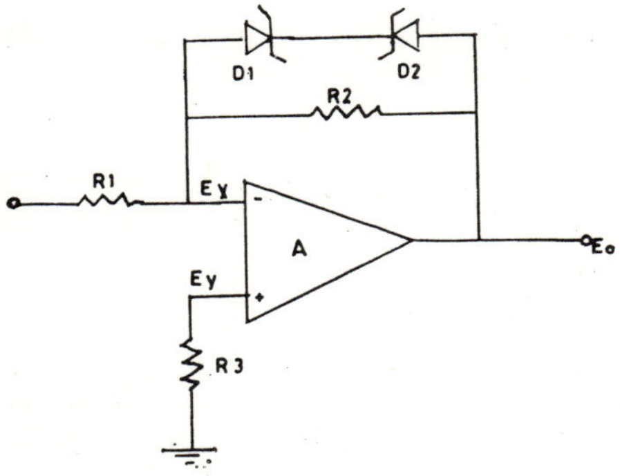

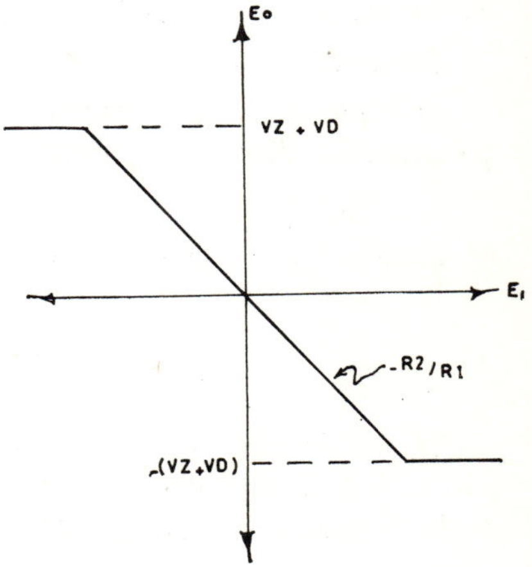

Fig. 70.

4.10. Circuitos de ganancia variable.

Los circuitos limitadores que estamos estudiando no son lineales. Ya que utilizamos en la realimentación componentes cuya R es variable con la tensión aplicada y no de una forma lineal. Su objetivo es obtener aproximaciones a una curva de ganancia predeterminada.

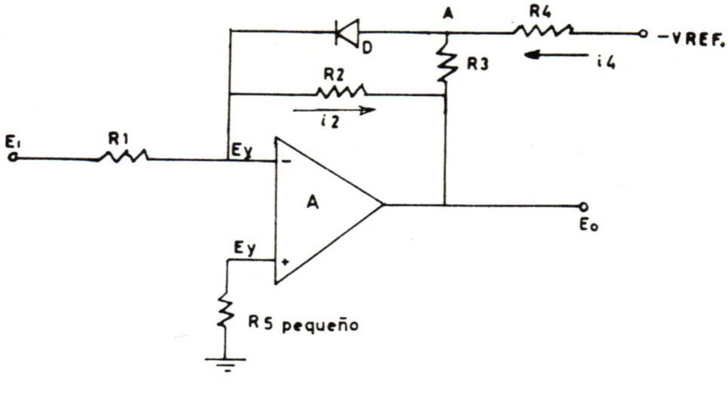

Fig. 71.

La tensión más importante para el estudio de este circuito es la del punto *A*, que llamaremos V_a.

Partiremos de una señal de entrada (E_i) negativa, y como este montaje es un inversor, la tensión en la salida será positiva.

En estas condiciones nos pueden ocurrir dos cosas.

a) Que la tensión entre el punto *A* y masa sea mayor que la de polarización directa del diodo ($V_a > V_d$).

b) Que $V_a < V_d$.

Siendo V_d el voltaje de polarización directa del diodo y

$$V_a = -V_{ref} \cdot \frac{(R_3 + R_2)}{(R_4 + R_3 + R_2)}.$$

En el primer caso el diodo conducirá, haciendo un corto entre el punto *A* y la entrada negativa del amplificador, quedándonos el circuito de la siguiente forma (fig. 72).

Nos queda un circuito sumador-inversor, y si queremos calcular la tensión de salida tendremos que plantear las dos ecuaciones:

$$E_x = E_y = 0$$

$$i_1 + i_4 = i_3 + i_2$$

$$\frac{E_i - E_x}{R_1} + \frac{(-V_{ref} - E_x)}{R_4} = \frac{E_x - E_0}{R_x}$$

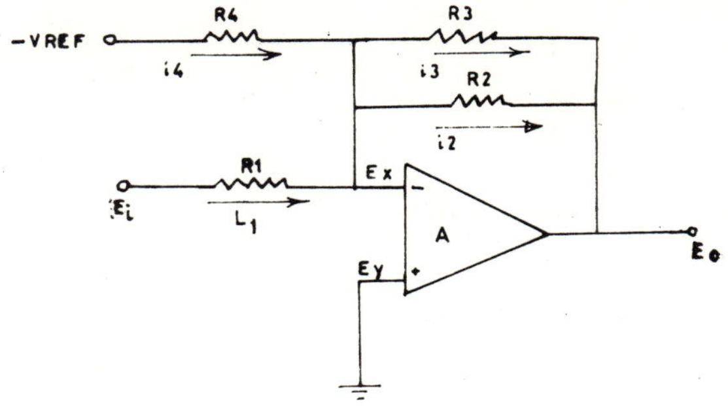

Fig. 72.

Siendo:

$$R_x = \frac{R_3 \cdot R_2}{R_3 + R_2}$$

Quedándonos:

$$\frac{E_i}{R_1} - \frac{V_{\text{ref}}}{R_4} = \frac{-E_0}{R_x}$$

$$E_0 = V_{\text{ref}} \cdot \frac{R_x}{R_4} - E_1 \frac{R_x}{R_1}$$

Vamos a despreciar el primer término de esta ecuación para simplificar el cálculo, aunque la pendiente obtenida no sea ahora la real, pero sí lo suficientemente parecida para mejor comprensión del circuito:

$$G = \frac{E_0}{E_1} = -\frac{R_x}{R_1} = \frac{-R_3 \cdot R_2}{R_1 (R_3 + R_2)}.$$

El segundo caso, $V_a < V_d$, es cuando la señal de entrada resulta muy pequeña, no consiguiendo entre ésta y la de salida polarizar el diodo directamente. El circuito nos queda de la siguiente forma (fig. 73).

En este caso, aunque también varía la tensión del punto *A*, no nos interesa, ya que consideramos que el diodo siempre está abierto.

$$I_1 = I_2$$

$$\frac{E_1 - E_x}{R_1} = \frac{E_x - E_0}{R_2}$$

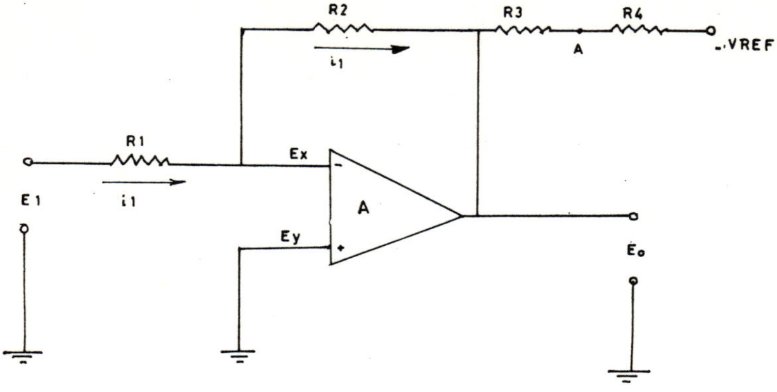

Fig. 73.

$$E_0 = -E_1 \frac{R_2}{R_1}$$

Ahora la ganancia es:

$$-\frac{R_2}{R_1}$$

El circuito seguirá siendo el de la figura 73, cuando la señal de entrada pase a ser positiva.

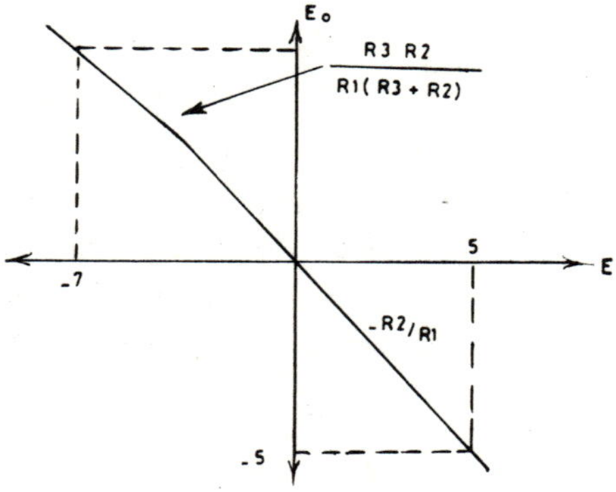

Fig. 74.

4.11. Tensión de referencia.

Una de las mejores fuentes de referencia se puede conseguir a través de una pila patrón, pero su baja tensión y su pobre capacidad de entrega de corriente la hacen prácticamente inútil. Se podría —y en la práctica se hace— utilizar diodos de Zener, pero nos encontramos con que para voltajes relativamente altos la tecnología actual no nos proporciona Zener apropiado. Estos inconvenientes los podemos paliar utilizando montajes con amplificadores operacionales, como veremos a continuación.

4.12. Fuente de referencia con diodo de Zener.

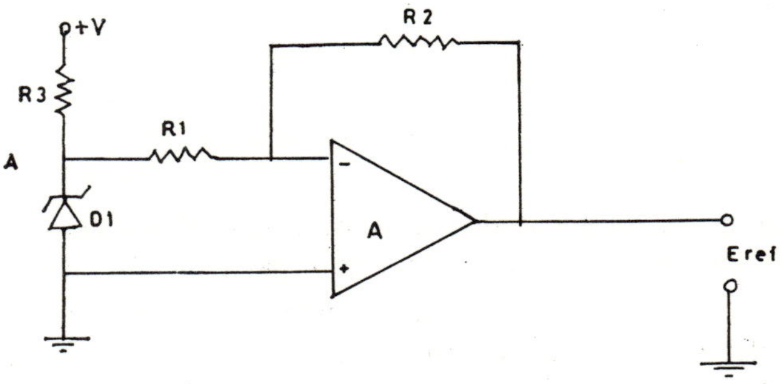

Fig. 75.

Con este montaje podemos conseguir una tensión de referencia grande partiendo del más pequeño Zener.

Nos aprovechamos de que, como ya sabemos, los operacionales poseen una alta impedancia de entrada, por lo que logramos aislar el voltaje del Zener del de salida, que es el suministrado por el amplificador.

La tensión de salida del amplificador se obtiene de la propia fuente que alimenta al operacional y no carga al Zener.

El montaje es un inversor y por lo tanto la tensión de salida será:

$$E_0 = -V_A \frac{R_2}{R_1}$$

Siendo V_A la tensión en bornes del Zener, después de conseguir el codo.

Si quisiéramos obtener un voltaje variable de referencia, tendríamos que sustituir R_2 por un potenciómetro.

4.13. Fuente de referencia con pila patrón.

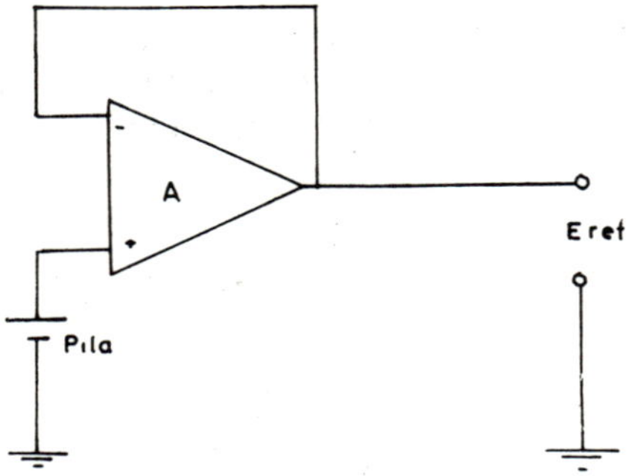

Fig. 76.

Este montaje es un separador y, como sabemos, se caracteriza por tener una alta impedancia de entrada y una ganancia unidad.

La pila está conectada entre el terminal positivo y masa. Al ser la impedancia de entrada muy elevada, no se consumirá prácticamente corriente alguna de esta pila, siendo por ello su vida muy larga.

La tensión de referencia será igual a la de la pila, pero logramos suministrar corrientes altas. De querer haber conseguido un voltaje mayor, podríamos montar la pila con un montaje no inversor de elevada ganancia.

4.14. Fuente de referencia de doble polaridad.

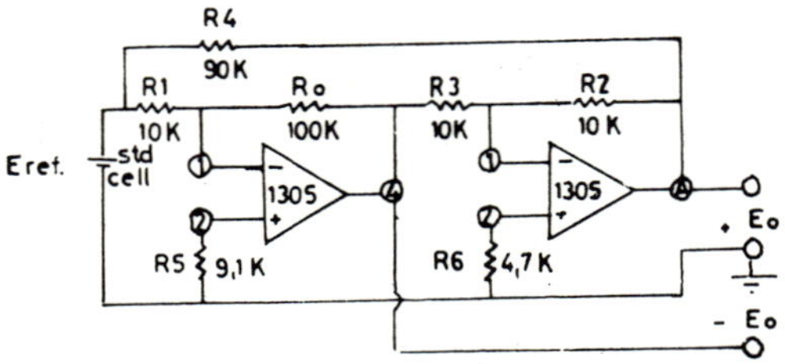

Fig. 77.

El circuito de la figura 77 está formado por dos pasos de amplificación montados ambos como inversores, ya que se le aplica la señal de entrada al terminal negativo (1). El primer paso tiene una ganancia de 10 ($R_0/R_1 = 10$) y el segundo de 1 ($R_2/R_3 = 1$).

La tensión positiva se obtiene del segundo paso, la negativa del primero. E_0 sería igual a 10 veces la tensión de referencia.

$$E_0 = E_{\text{ref}} \frac{R_0}{R_1} = 10\, V_{\text{ref}}$$

Así que si partimos de una pila de 1 V, a la salida tendríamos $\pm$ 10 V.

La resistencia de realimentación desde el segundo paso a la entrada (R_4), está colocado para obtener una alta impedancia de entrada, o sea, con la finalidad de no tomar corriente de la pila y cogerla de la salida.

Se debe elegir $R_4 = R_0 - R_1$.

Si queremos obtener en la salida una corriente de hasta 10 mA, es conveniente usar el amplificador operacional tipo 1.605 de la casa BURR-BROWN.

4.15. Generadores de corriente constante.

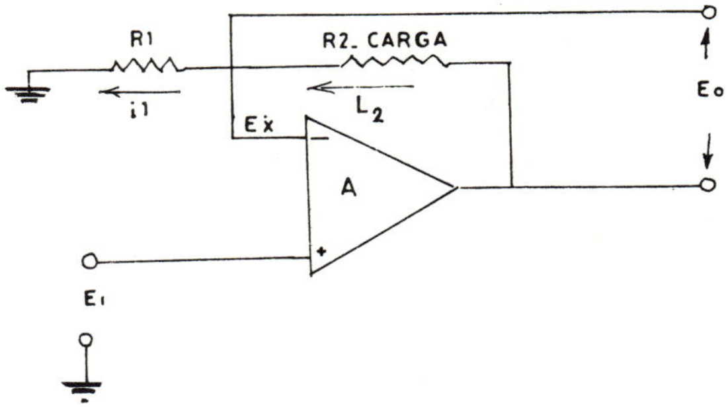

Fig. 78.

Este montaje es un generador de corriente, formado por un amplificador montado como no inversor y con la resistencia de carga conectada a la realimentación.

Vamos a demostrar que la corriente que suministramos a la carga (i_L) es independiente de ella.

Las dos ecuaciones serán:

$$E_x = E_i$$

$$i_1 = i_L$$

$$i_1 = \frac{E_x}{R_1} = \frac{E_i}{R_1}.$$

Luego como $i_1 = i_L$:

$$I_L = \frac{E_i}{R_1}.$$

Podemos comprobar que la corriente que pasa por la carga depende solamente de la tensión de entrada y de la resistencia R_1. En caso de variar la carga, por ejemplo ponerse en corto, la corriente permanecerá constante.

Otro generador de corriente podría ser el de la figura 71, montado como inversor y con un voltaje de referencia obtenido con diodo de Zener.

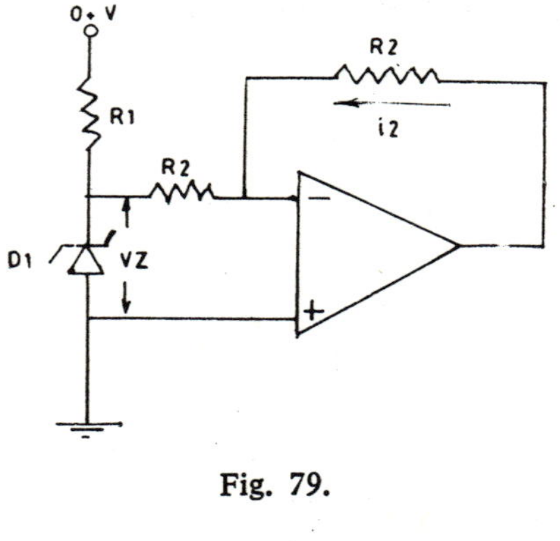

Fig. 79.

4.16. Generador de corriente ajustable.

Este tipo de generador lo podíamos haber conseguido con los montajes de las figuras 78 y 79, sustituyendo las resistencias de entrada por potenciómetros.

$$i_1 = \frac{E_i}{R_1} \qquad i_L = \frac{V_z}{R_2}.$$

Pero vamos a poner otro montaje, en el cual la carga no está en la realimentación, sino en la salida del amplificador.

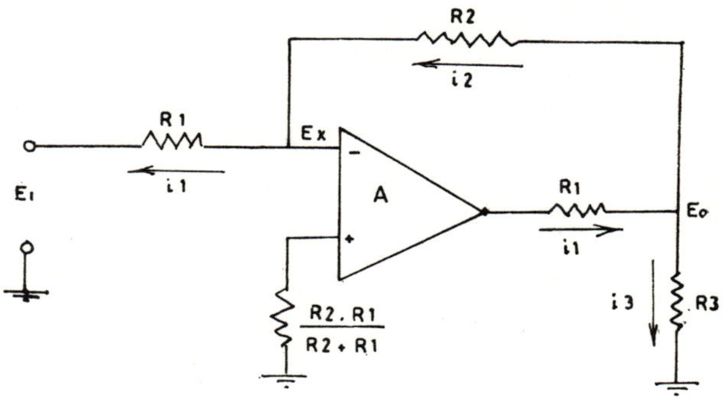

Fig. 80.

Para hallar la tensión de salida partiremos de las dos ecuaciones de costumbre:

$$\begin{cases} E_x = E_y = 0 \\ i_1 = i_2 \end{cases}$$

$$i_1 = \frac{E_x - E_i}{R_1}$$

$$i_2 = \frac{E_0 - E_x}{R_2}$$

Igualando tendremos:

$$\frac{E_x - E_i}{R_1} = \frac{E_0 - E_x}{R_2}$$

$$\frac{-E_i}{R_1} = \frac{E_0}{R_2}$$

$$E_0 = -E_i \frac{R_2}{R_1}.$$

Vamos a calcular la corriente que pasa por la carga, que es la que nos interesa.

$$i_L = i_2 + i_3$$

$$i_2 = \frac{E_0 - E_x}{R_2} = \frac{E_0}{R_2}$$

$$i_3 = \frac{E_0}{R_3}$$

$$i_L = \frac{E_0}{R_2} + \frac{E_0}{R_3}$$

$$i_L = E_0 \left(\frac{1}{R_2} + \frac{1}{R_3} \right)$$

Como:

$$E_0 = -E_i \frac{R_2}{R_1}$$

$$i_L = -E_i \frac{R_2}{R_1} \left(\frac{1}{R_2} + \frac{1}{R_3} \right)$$

$$i_L = -\frac{E_1}{R_1} \left(1 + \frac{R_2}{R_3} \right)$$

Si sustituimos R_2 o R_3 por un potenciómetro podremos ajustar la corriente de salida a un valor determinado.

4.17. Ejercicios prácticos.

4.17.1. Detector saturación - saturación.

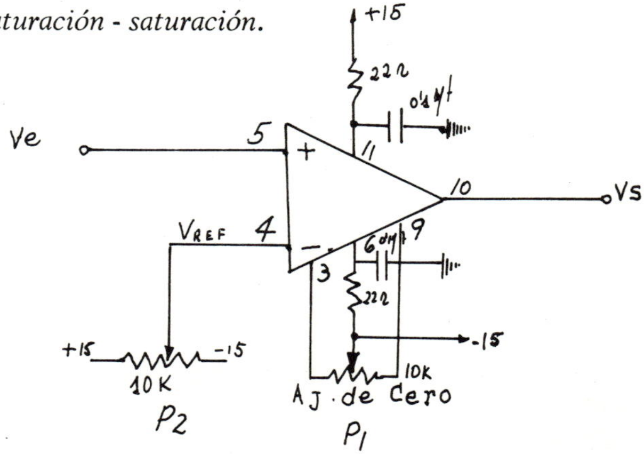

Fig. 81.

a) Ajustar el cero del amplificador por medio del potenciómetro P_1.

b) Variar el potenciómetro P_2 para conseguir una señal de referencia de 2 voltios.

c) Aplicar a la entrada *VE* una señal variable de una fuente de alimentación y observar que la salida del amplificador pasará de la saturación negativa a la positiva cuando la señal de entrada pase por 2 V.

d) Aplicar a la entrada *VE* una entrada senoidal y observar la salida del amplificador. Comprobar que es una onda cuadrada.

e) Variar el valor de la señal de referencia hasta conseguir que la onda cuadrada sea simétrica.

4.17.2. Detector cero - saturación.

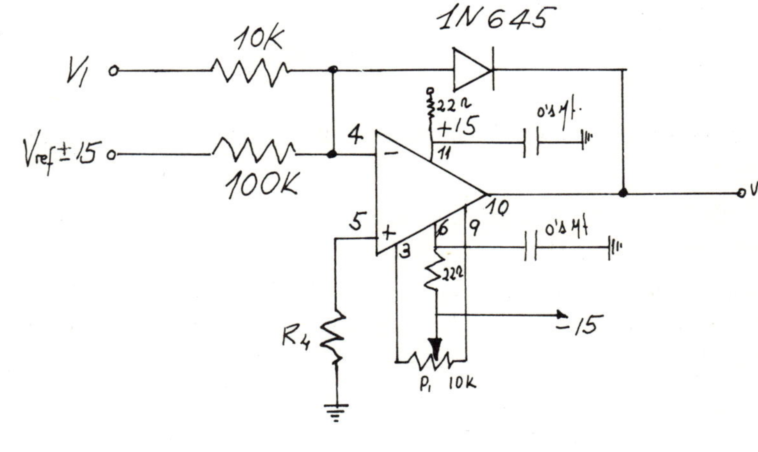

Fig. 82.

a) Conectar las entradas V_1 y V_{ref} a masa y ajustar el cero del amplificador.

b) Llevar V_{ref} a + 15 V, debiendo obtener en la salida 0,6 V, por estar el diodo directamente polarizado.

c) Conectar V_{ref} a — 15 V, debiendo saturar a positivo. Conectar la entrada V_1 a una fuente de alimentación y subir el nivel de D.C hasta que la salida se sature a 0 V. V_1 dará un valor aproximado de 1,5 V.

4.17.3. Limitador inversor.

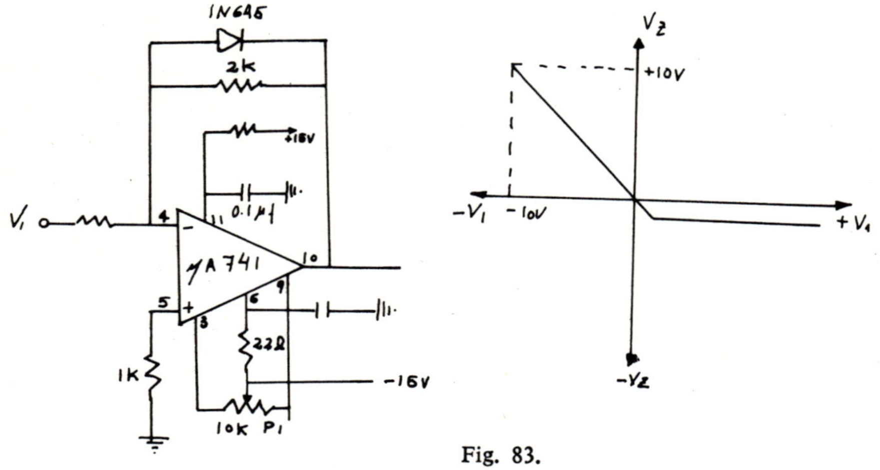

Fig. 83.

a) Conectar V_1 a *masa* y ajustar el cero del amplificador por medio de P_1.

b) Conectar V_1 a una fuente de alimentación para aplicar en la entrada un voltaje negativo.

c) Aplicar las siguientes tensiones: — 10 V, — 5 V, — 2 V y ver que la salida queda invertida y la ganancia es la unidad, dibujándose en un eje de coordenadas como el de la figura.

d) Conectar la fuente para suministrar un voltaje positivo de 1 V, 2 V y ver que la salida se mantendrá saturada a — 0,6 V.

4.17.4. Limitador con diodo Zener y diodo.

a) Conectar a masa V_1 y ajustar el cero del amplificador por medio de P_1.

b) Conectar V_1 a una fuente de alimentación positiva.

c) Aplicar diferentes tensiones, + 10 V, + 5 V, + 2 V, + 1 V y comprobar que el amplificador funciona como inversor de ganancia unidad.

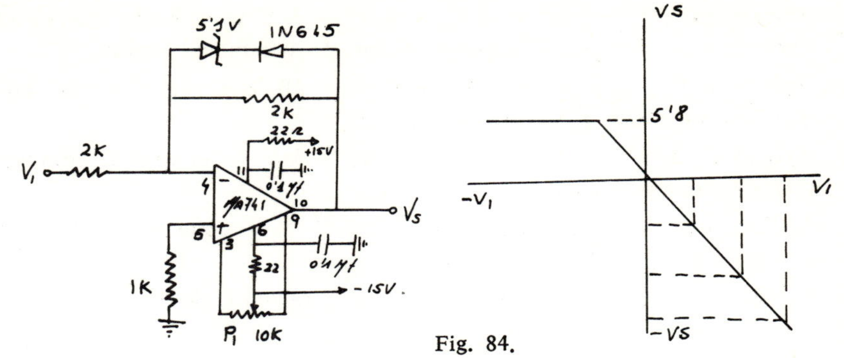

Fig. 84.

d) Dibujar en un eje de coordenadas la relación de VS y V_1. Deberá ser similar a la de la figura.

e) Cambiar la polaridad de V_1 y aplicar —1 V, —2 V, —5 V y observar que el amplificador seguirá comportándose como inversor.

f) Aplicar —6 V, —7 V, —8 V y observar que la salida se saturará a 5,8 V, quedando limitada la salida a ese valor.

4.17.5. Limitador con diodo Zener.

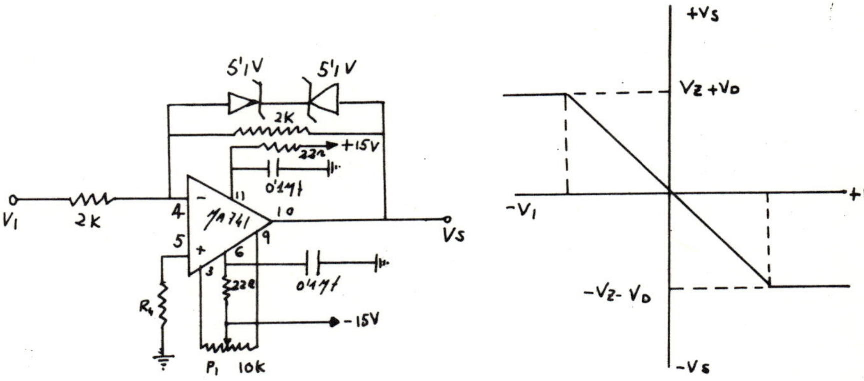

Fig. 85.

a) Conectar V_1 a masa y ajustar el cero del amplificador.

b) Aplicar en V_1 la salida de una fuente de c.c.

c) Aplicar en V_1: + 1 V, + 2 V, + 4 V, + 5 V y observar que el amplificador se comporta como inversor de ganancia unidad.

d) Aplicar a V_1: + 7 V, + 8 V, + 9 V, + 10 V y ver cómo la salida quedará saturada a 5,5 V, es decir a $V_z + V_{codo}$.

e) Aplicar en V_1: — 1 V, — 2 V, — 4 V, — 5 V y ver que se comporta como inversor normal.

f) Aplicar — 7 V, — 8 V, — 9 V, — 10 V y ver que la salida se ha saturado a — 5,5 V.

g) Dibujar los ejes de coordenadas y ver la relación de V_s y V_1.

CAPITULO **5**

5.1. Transmitancia.

Si a un sistema lineal se le aplica a su entrada una señal senoidal, al alcanzar el régimen permanente, la señal de salida será senoidal y de la misma frecuencia aunque su amplitud y fase podrían haber variado.

Si matemáticamente describimos el efecto del sistema sobre los datos transmitidos a su través, tendríamos, la función de transferencia del sistema.

En el caso de una senoide la función de transferencia nos dará la relación entre la amplitud y la fase de la entrada y la salida.

Se define, pues, en rasgos generales la transmitancia o función transferencia de un sistema o dispositivo a la respuesta del sistema a la función impulso unidad aplicada a la entrada.

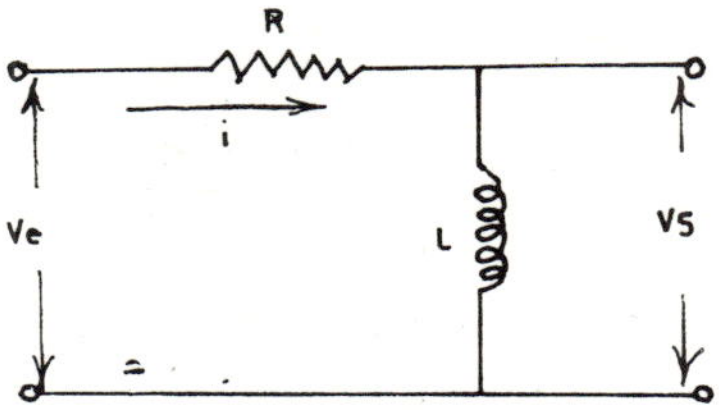

Fig. 86.

La expresión obtenida para la transmitancia es el resultado de dividir la señal senoidal de salida por la de entrada una vez conseguido el régimen permanente. Como ejemplo que pueda servir de guía sobre el procedimiento a seguir y forma en que se suelen presentar las transmitancias, realizamos a continuación un ejercicio con un filtro de paso alto R_L.

Vamos a suponer que le aplicamos a la entrada un voltaje $V_e = V_e$ $\cos \omega t$; entonces, el voltaje de salida será de la forma $V_s = V_s \cos (\omega t - \varphi)$.

Para calcular la transmitancia vamos a hallar el voltaje de entrada y el de salida.

$$V_e = i\,(R + jL\omega)$$

$$V_s = ijL\omega$$

La transmitancia es la relación entre la tensión de salida y la de entrada.

$$T = \frac{V_s}{V_e} = \frac{ijL\omega}{i\,(R + jL\omega)} = \frac{jL\omega}{R + jL\omega} = \frac{jL\omega/R}{1 + jL\omega/R}$$

Si hacemos $L/R = \tau$, siendo τ la constante de tiempo, la transmitancia se puede poner de la siguiente forma:

$$T = \frac{j\omega\tau}{1 + j\omega\tau}$$

5.2. Representaciones semilogarítmica de la transmitancia.

Este método de representación hace posible el cálculo numérico de los diversos puntos de la curva de transmitancia, fácilmente realizable, permitiendo sustituir la curva real por una serie de rectas asintóticas a los diversos sectores de ella, que nos sirven para estudiar la transmitancia con una aproximación suficiente en los resultados prácticos.

Supongamos la transmitancia:

$$|T| = \frac{K\,(j\omega\tau_1 + 1)}{j\omega\,(j\omega\tau_2 + 1)}$$

Como es una expresión compleja, habrá que tratar por separado su módulo y su argumento, pudiendo escribirse.

Módulo

$$T = \frac{K\,(j\omega\tau_1 + 1)}{j\omega\,(j\omega\tau_2 + 1)}$$

Argumento

$$\varphi = \varphi k + \varphi_1 - \varphi_2 - \varphi_3$$

siendo:

$$\varphi K = 0,$$

por ser K un factor real constante

$$\varphi_1 = \text{arc tg } \tau_1 \omega$$

$$\varphi_3 = -90° = -\text{arc tg } |j\omega|$$

$$\varphi_2 = -\text{arc tg } \tau_2 \omega$$

Si tomamos logaritmos decimales en la expresión del módulo

$$\lg |T| = \lg \frac{K |(j\omega\tau_1 + 1)|}{|j\omega| \, |j\omega\tau_2 + 1)|}$$

o, lo que es lo mismo, poner

$$\lg |T| = \lg K + \lg |j\omega\tau_1 + 1| - \lg |j\omega| - \lg |j\omega\tau_2 + 1|$$

Si multiplicamos los dos miembros de esta igualdad por 20, tendremos:

$$20 \lg |T| = 20 \lg K + 20 \lg |j\omega\tau_1 + 1| - 20 \lg |j\omega| - 20 \lg |j\omega\tau_2 + 1|$$

El primer término representa así el módulo de la transmitancia expresado en decibelios.

Se puede ya apreciar la enorme ventaja que supone este método, que al transformar un producto de varios factores en una suma permite ahorrar mucho tiempo en cálculos. El procedimiento a seguir ahora, para obtener una curva exacta de la transmitancia en función de la frecuencia, es ir dando valores a ω, entre cero e infinito. Para esta representación se suele usar papel semilogarítmico, siendo la escala logarítmica la de frecuencias, y la decimal la de módulos.

En el cálculo de la transmitancia nos vamos a encontrar con términos que tienen cuatro formas únicas:

$$A = 20 \lg |j\omega\tau_1 + 1|$$

$$B = -20 \lg |j\omega|$$

$$C = -20 \lg |j\omega\tau_2 + 1|$$

$$D = 20 \lg K$$

Siendo sus fases respectivas

$$\varphi_A = \text{arc ag } \omega\tau_1$$
$$\varphi_B = -90°$$
$$\varphi_C = -\text{arc tg } \omega\tau_2$$
$$\varphi_D = 0°$$

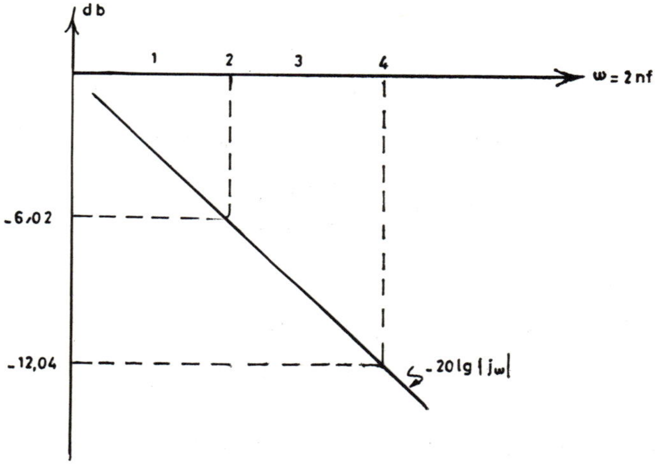

Fig. 87.

El término de la forma D $(20 \lg K)$, por ser K una constante, su representación será una paralela al eje de abscisas a la distancia $20 \lg K$. La fase será también una recta paralela al eje de abscisas por el punto correspondiente a cero grados.

El término de la forma B $(-\log |j\omega|)$, se prodrá representar en papel semilogarítmico dando valores a ω.

Para:

$$\omega = 1 \Rightarrow B_1 = -20 \lg |\ j| = -20 \lg \sqrt{1} = -20 \lg 1 = 0$$

$$\omega = 2 \Rightarrow B_2 = -20 \lg |2j| = -20 \lg \sqrt{2^2} = -20 \lg 2 = -6{,}02$$

$$\omega = 4 \Rightarrow B_3 = -20 \lg |4j| = -20 \lg \sqrt{4^2} = -20 \lg 4 = -12{,}04$$

Las frecuencias elegidas al dar valores, podemos observar que lo han sido de forma que cada una es doble que la anterior, o, dicho de otra forma, que cada una es la octava de la precedente.

Como podemos ver en la figura 87, la recta tiene una pendientede de $-6{,}02$ dB por octava.

La representación del término A (20 lg $j\omega\tau_1 + 1$), lo hacemos de la misma forma, dando valores a ω. Lo primero que hacemos es ver la llamada frecuencia de corte, que en nuestro caso es $\omega = 1/\tau_1$, y luego vemos el comportamiento de la curva antes de la frecuencia de corte y después de ella. Para una frecuencia $\omega \leqslant 1/\tau_1$, el término que queremos representar nos queda $A_0 \approx 20\lg 1 = 0$.

Para una frecuencia $\omega \gg 1/\tau_1$, el término quedará $A_1 \approx 20 \lg |j\omega\tau|$, ya que despreciamos el 1. Entonces este término nos queda como el que representamos antes ($B = - 20 \lg |j\omega|$) pero positivo, luego será una recta con pendiente positiva.

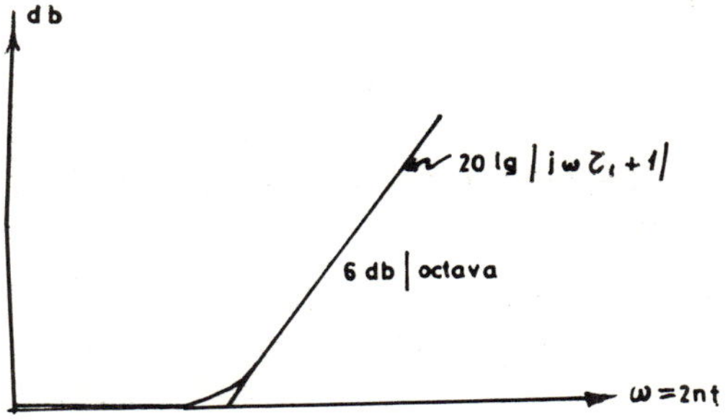

Fig. 88.

Vemos que para valores pequeños de ω, la curva se puede sustituir por el eje de abscisas, que es una asíntota cuando ω tiende a cero.

Para valores grandes la curva la sustituimos por una recta $20 \lg |j\omega\tau|$, que tiene una forma similar a la del término B, defiriendo de él solamente en el signo y en el valor de τ_1 que multiplica a la pulsación ω, que en aquel caso valía la unidad y aquí puede ser cualquiera. La representación gráfica será por tanto una recta ascendente, que tendrá una pendiente de 6 dB por octava, y que pasará por el punto $\omega = 1/\tau_1$.

El término $C\,(-20 \lg |j\omega\tau_2 + 1|)$, difiere del término A únicamente en el signo. Su representación será análoga viniendo también expresada por dos asíntotas, la primera de las cuales, correspondiente a $\omega \rightarrow 0$, seguirá siendo el eje de abscisas y la segunda, por razones análogas a las expuestas en el caso anterior, será una recta descendente, de pendiente -6 dB por octava y que cortará al eje de frecuencia en el punto $\omega = 1/\tau$, que es la frecuencia codo del término.

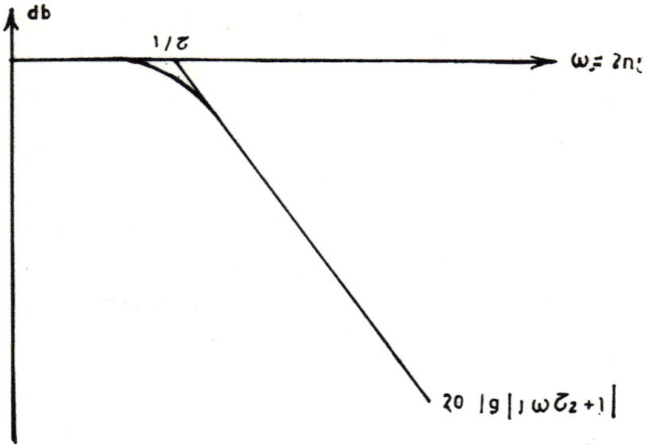

Fig. 89.

5.3. Circuitos con amplificadores operacionales, resistencias y condensadores.

Estos circuitos se emplean mayormente para trabajar con corriente alterna, ya que una de las peculiaridades que tienen los condensadores es la de ser un circuito abierto cuando trabajan con frecuencias nulas.

5.4. Integrador simple.

5.4.1. Integrador inversor.

Este tipo de montaje emplea como elemento de realimentación un condensador y una resistencia a la entrada. Vamos a demostrar inicialmente que este circuito proporciona una señal de salida que es la integral de la señal que se le aplica a la entrada.

Las dos ecuaciones de costumbre serán:

$$E_x = E_y = 0$$

$$i_1 = i_2$$

La corriente de entrada será:

$$i_1 = \frac{E_1 - E_x}{R} = \frac{E_1}{R}.$$

El cálculo de la corriente de realimentación lo haremos partiendo de la tensión que existe en bornes del condensador *C*. Como ya sabemos, esta tensión es el cociente entre la carga del condensador y su capacidad.

$$E_x - E_0 = q/C$$

$$-E_0 = q/C$$

$$q = -E_0 C.$$

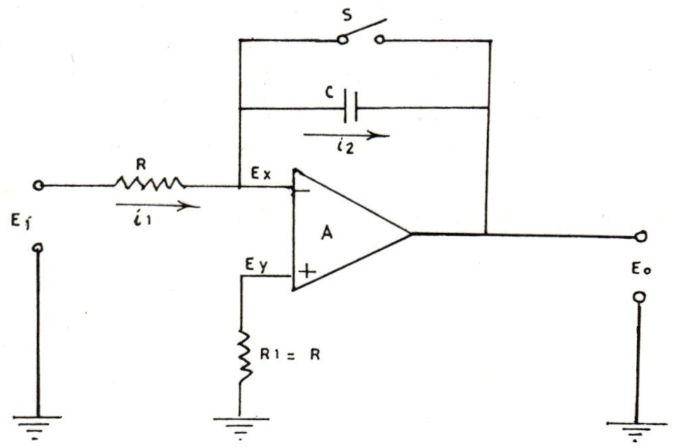

Fig. 90.

La carga es igual a:

$$q = \int i_2 \, dt,$$

luego:

$$-E_0 C = \int i_2 \, dt.$$

Despejando la corriente de realimentación de esta igualdad, tendremos:

$$i_2 = -C \frac{dE_0}{dt}.$$

Igualamos las corrientes:

$$\frac{E_i}{R} = -C \frac{dE_0}{dt},$$

luego:

$$E_0 = -\frac{1}{RC} \int E_1 \, dt.$$

Si, por ejemplo, aplicamos una señal de entrada $E_1 = 10 \cos \omega t$, la tensión de salida sería:

$$E_0 = -\frac{1}{RC} \int 10 \cos \omega t dt = -\frac{10}{RC\omega} \operatorname{sen} \omega t$$

Para el lector poco familiarizado con las integrales, prácticamente le es más fácil tomar este montaje como inversor. Como ya vimos en este tipo de circuitos, el voltaje de salida es de polaridad inversa al de entrada y va multiplicado por la ganancia, $E_0 = -E_1 \cdot G$.

La ganancia de casi todos los circuitos es el cociente entre la impedancia de realimentación y la entrada. Si llamamos Z_0 a la impedancia de realimentación, que es la del condensador ($Z_0 = 1/\mathrm{j}C\omega$), el voltaje de salida será:

$$E_0 = -E_1 G = -E_1 \frac{Z_0}{R} = -E_1 \frac{\frac{1}{\mathrm{j}C\omega}}{R} = -E_1 \frac{1}{\mathrm{j}C\omega R} =$$

$$-\frac{E_1}{\mathrm{j}C\omega R} = -\frac{E_1}{\mathrm{j}\, 2\pi f C R},$$

ya que $\omega = 2\pi f$.

El interruptor que va en paralelo con el condensador C en la figura 90 es para poner a cero a dicho condensador, de forma que podamos partir de unas condiciones iniciales nulas cuando queramos.

Vamos a calcular la ganancia y la representaremos en función de la frecuencia que es una transmitancia.

$$G = \frac{E_0}{E_1} = -\frac{1}{\mathrm{j}\, 2\pi f RC}.$$

El módulo de esta ganancia será $|G| = \left| -\frac{1}{\mathrm{j}\, 2\pi f RC} \right|$

Si tomamos logaritmos en esta igualdad tendremos:

$$\lg |G| = \lg \left| -\frac{1}{2\pi f RC} \right| = -\lg |\mathrm{j}\, 2\pi f RC|.$$

Si multiplicamos por 20 los dos miembros:

$$20 \lg |G| = -20 \lg |j\, 2\, \pi f RC|.$$

De esta forma, el primer miembro representa el módulo de la ganancia expresado en decibelios.

$$|G| \text{ dB} = -20 \lg \sqrt{(2\, \pi f RC)^2 + 0^2} = -20 \lg 2\, \pi f RC = -20 \lg \omega\, RC$$

Para representar la ganancia en función de la frecuencia damos valores a esta última o, lo que es lo mismo, a la pulsación (ω).

Si damos valores distintos a ω, tendremos:

$$\omega = 1/RC \rightarrow \text{G dB} = -20 \lg \frac{1}{RC} \cdot RC = -20 \lg 1 = 0$$

$$\omega = 2/RC \rightarrow G \text{ dB} = -20 \lg \frac{2}{RC} \cdot RC = -20 \lg 2 \approx -20 \times 0{,}3 \approx -6 \text{ dB}$$

$$\omega = 10/RC \rightarrow \text{G dB} = -20 \lg \frac{10}{RC} \cdot RC = -20 \lg 10 = -20 \text{ dB}$$

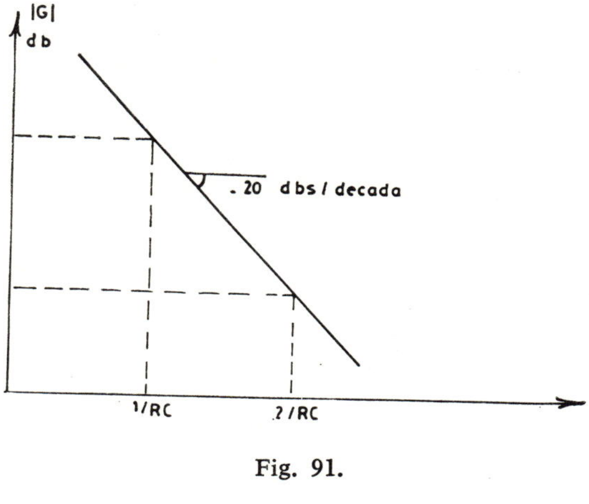

Fig. 91.

De aquí sacamos las conclusiones de que la recta de la ganancia en función de la frecuencia tiene una pendiente de —20 decibelios por década o, lo que es lo mismo, —6 decibelios por octava.

Los integradores se emplean mucho en los contadores de temperatura y en voltímetros digitales. En ellos se suele cargar el condensador con la señal de entrada a medir, una vez cargado se descarga con una corriente de referencia y lo que se mide es el tiempo de descarga de este condensador, que es proporcional a la señal a medir.

En el integrador, cuando le aplicamos una señal de entrada de corriente continua, el voltaje de salida será:

$$E_0 = \frac{1}{RC} \int_0^t E_i \, \mathrm{d}t.$$

Siendo E_i el nivel de c.c. de entrada.

Si integramos para hallar el valor de E_0, nos dará:

$$E_0 = -\frac{E_1 t}{RC}.$$

Y el tiempo de carga será fácil de calcular para un determinado valor de señal de entrada.

$$t = -\frac{E_0 RC}{E_1}.$$

El valor de $R_1 = R$, en la figura 90, es para reducir el arrastre, no siendo necesario esta resistencia cuando construimos un integrador con un amplificador estabilizado *(chopper) parcializador.*

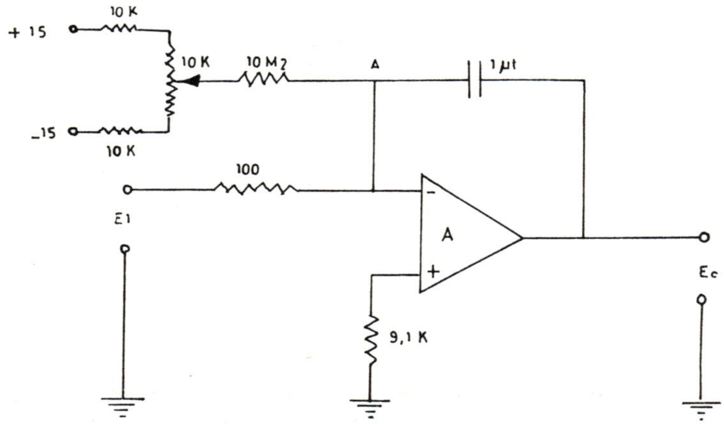

Fig. 92.

Si queremos ajustar el voltaje de offset en un circuito integrador es recomendable hacer el montaje de la figura 92, en caso de no llevar el amplificador que empleamos terminales destinados a este fin. Como ya sabemos, lo único que hacemos con este montaje es añadirle al punto *A* un voltaje de polaridad inversa del que existe cuando el voltaje de salida es distinto de cero y la señal de entrada nula.

5.4.2. *Integrador no inversor.*

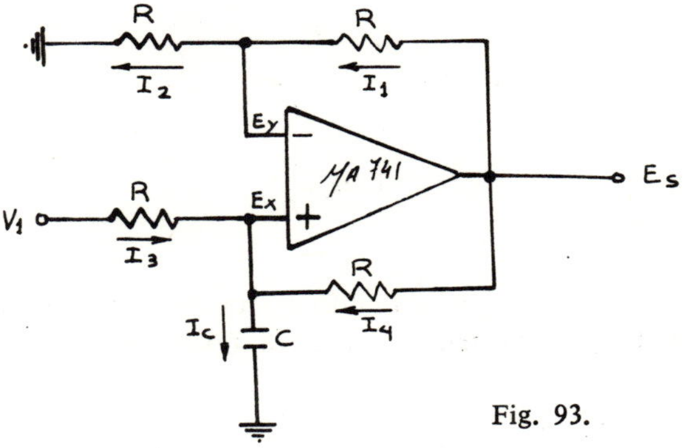

Fig. 93.

Las ecuaciones que podemos sacar de este circuito son las siguientes:

$$E_x = E_y$$

$$I_1 = I_2$$

$$I_c = I_3 + I_4$$

Voltaje en bornes del condensador C. $E_x = \dfrac{q}{C}$

De la segunda ecuación sacaremos el valor del voltaje en la entrada negativa.

$$\frac{E_s - E_y}{R} = \frac{E_y - O}{R}$$

$$E_s R - E_y R = E_y R$$

$$E_s R = 2 E_y R$$

$$E_y = \frac{E_s}{2}$$

De la tercera ecuación obtendremos el valor de la corriente que pasa por el condensador en función del voltaje de entrada.

$$I_c = I_3 + I_4$$

$$I_c = \frac{V_1 - E_x}{R} + \frac{E_s - E_x}{R} = \frac{V_1 + E_s - 2\,E_x}{R}$$

Sustituimos el valor $E_x = E_y = E_s/2$

$$I_c = \frac{V_1 + E_s - 2\,\dfrac{E_s}{2}}{R}$$

$$I_c = \frac{V_1}{R}$$

De la cuarta ecuación, y teniendo en cuenta que la carga es la cantidad de corriente por unidad de tiempo, tendremos:

$$E_x = \frac{q}{C} \quad \Rightarrow \quad q = C\,E_x$$

$$q = \int I_c\,dt = C\,E_x$$

Sustituyendo los valores de $E_x = E_y = E_s/2$ y de $I_c = V_1/R$, obtendremos el valor del voltaje de salida en función del de entrada.

$$C\,E_x = \int I_c\,dt$$

$$C\,\frac{E_s}{2} = \int \frac{V_1}{R}\,dt$$

$$E_s = \frac{2}{RC} \int V_1 dt$$

Del resultado final vemos que el voltaje de salida es la integral del de entrada, pero sin inversión.

5.5. Integrador sumador.

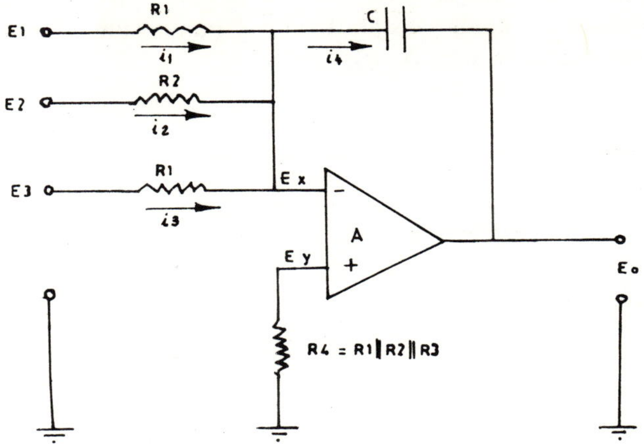

Fig. 94.

Si tomamos las dos ecuaciones de siempre podríamos demostrar que el voltaje de salida es la integral de la suma de las señales aplicadas a la entrada negativa del amplificador.

Si fuese $R_1 = R_2 = R_3 = R$, el voltaje de salida será:

$$E_0 = -\frac{1}{RC}\int (E_1 + E_2 + E_3)\, dt.$$

El valor de R_4 es la resultante de las resistencias de entrada en paralelo y su misión es la de reducir el arrastre.

Los voltajes E_1, E_2 y E_3 son medidos respecto a masa.

$$\frac{1}{R_4} = \frac{1}{R_1} + \frac{1}{R_2} + \frac{1}{R_3}$$

Si hacemos $R_1 = R_2 = R_3 = R$,

$$\frac{1}{R_4} = \frac{3}{R}$$

$$R_4 = \frac{R}{3}$$

5.6. Integrador restador.

Es exactamente igual al integrador sumador, con la única diferencia de que el voltaje E_2, antes de aplicárselo al punto suma A, lo invertimos en el montaje formado con A_1 (fig. 95).

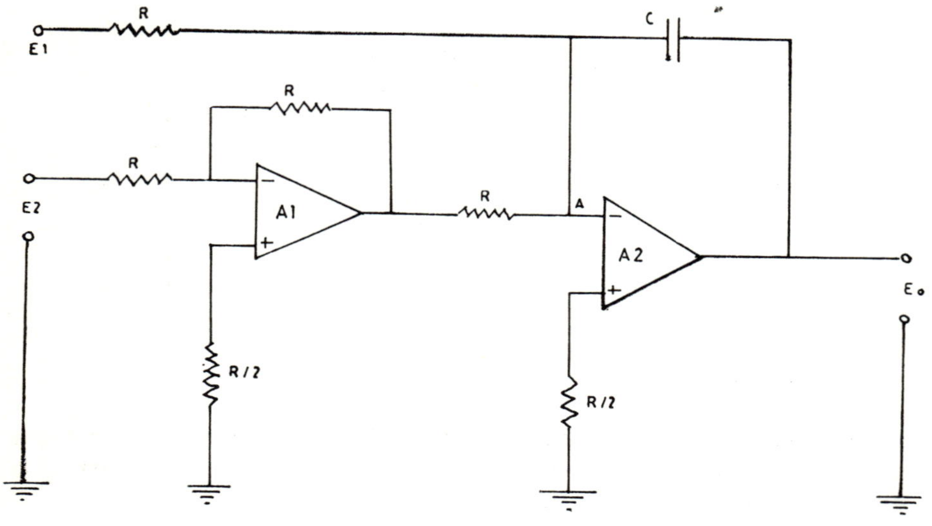

Fig. 95.

El valor del voltaje de salida será:

$$E_0 = -\frac{1}{RC}\int (E_1 - E_2)\, dt.$$

Otro circuito integrador restador es el de la figura 82.

La tensión de salida del circuito de la figura es:

$$E_0 = -\frac{1}{RC}\int (E_1 - E_2)\, dt = \frac{1}{RC}\int (E_2 - E_1)\, dt.$$

Si damos valores a R y C, por ejemplo:

$$R = 100 \text{ K}\Omega$$

$$C = 1\ \mu F$$

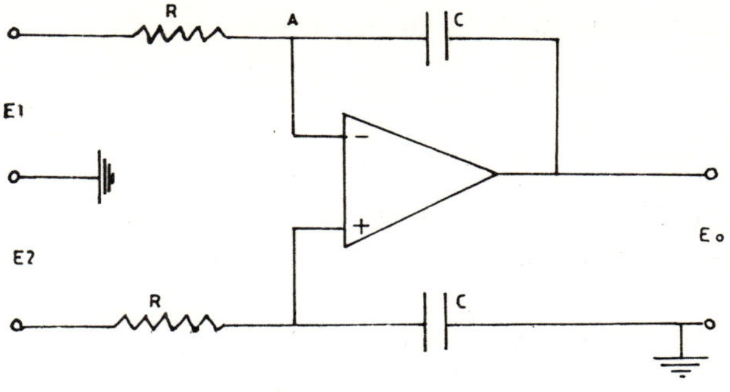

Fig. 96.

la tensión de salida será:

$$E_0 = \frac{1}{100\,K \times 10^{-6}} \int (E_2 - E_1)\,dt = 10 \int (E_2 - E_1)\,dt.$$

Supongamos que las tensiones de entrada sean continuas, $E_2 = 5$ V y $E_1 = 2\,V$. Entonces, E_0 será:

$$E_0 = 10 \int (5 - 2)\,dt = 10 \times 3\,t = 30\,t.$$

5.7. Diferenciador.

Un circuito como el de la figura 97 realiza la función de diferenciar la señal de entrada:

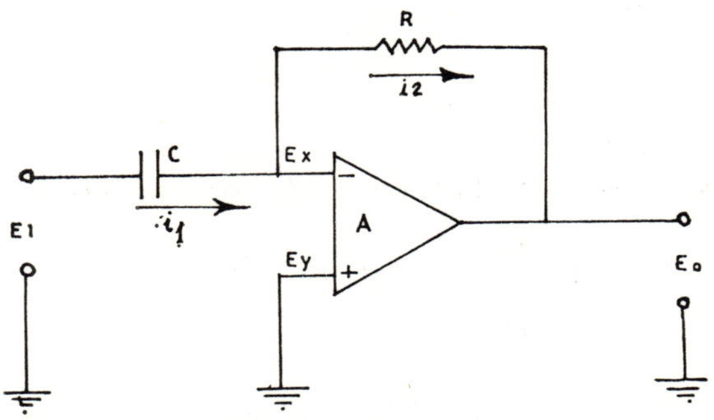

Fig. 97.

En este circuito demostraremos primero teóricamente que la tensión de salida es la diferencial de la de entrada.

$$E_x = E_y = 0$$

$$i_1 = i_2$$

La corriente de entrada se calcula con ayuda de la tensión que existe en bornes del condensador.

$$i_1 = C \frac{\mathrm{d}}{\mathrm{d}t}(E_1 - E_x) = C \frac{\mathrm{d}E_1}{\mathrm{d}t}$$

ya que $E_x = 0$.

La corriente de realimentación es:

$$i_2 = \frac{E_x - E_0}{R} = -\frac{E_0}{R}.$$

Igualando:

$$\frac{C\mathrm{d}E_1}{\mathrm{d}t} = -\frac{E_0}{R}$$

$$E_0 = -RC\frac{\mathrm{d}E_1}{\mathrm{d}t}.$$

Una de las cosas que deducimos de esta fórmula final es que no merece la pena aplicarle a la entrada una tensión continua, ya que el voltaje de salida será siempre nulo.

La forma más fácil de analizar este circuito es tomándolo como inversor, siendo entonces el voltaje de salida igual a:

$$E_0 = -E_1 \frac{R}{X_c}$$

Como $X_c = 1/\mathrm{j}C\omega$, el voltaje de salida lo podemos igualar a:

$$E_0 = -E_1 \frac{R}{\frac{1}{\mathrm{j}C\omega}} = -\mathrm{j}E_1 RC\omega = -\mathrm{j}E_1 RC\,2\,\pi f$$

$$G = \frac{E_0}{E_1} = -\mathrm{j}RC\omega$$

El módulo de esta ganancia será:

$$|G| = |jRC\omega|$$

Tomando logaritmos y multiplicando por 20, la ganancia la daremos en decibelios:

$$20 \lg |G| = 20 \lg |jRC\omega| = 20 \lg RC\omega$$

Para representar la ganancia en decibelios, en función de ω, daremos valores a esta última.

$$\omega = 1/RC \rightarrow G_{dB} = 20 \lg RC \times 1/RC = 20 \lg 1 = 0$$

$$\omega = 2/RC \rightarrow G_{dB} = 20 \lg RC \times 2/RC = 20 \lg 2 \approx 6 \text{ dB}$$

$$\omega = 10/RC \rightarrow G_{dB} = 20 \lg RC \times 10/RC = 20 \lg 10 = 20 \text{ dB}$$

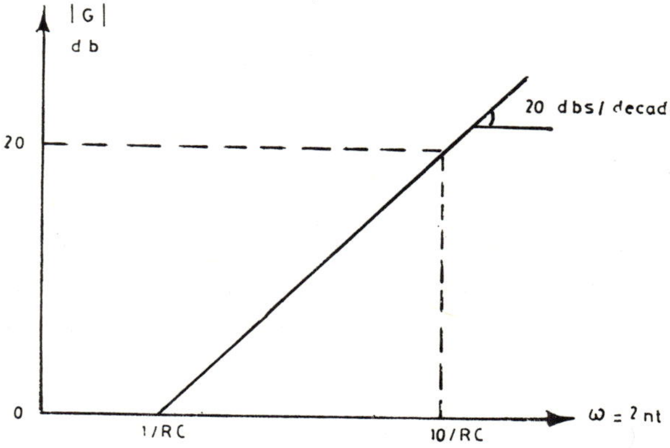

Fig. 98.

La pendiente de esta recta es de 20 dB/década o, lo que es lo mismo, 6 dB/octava.

Si representamos esta recta en diagramas de Bode, irá con la pendiente mencionada hasta encontrarse con la curva de respuesta de frecuencia del amplificador (fig. 99).

El punto A será aquel en el cual la ganancia en decibelios se hace nula, o lo que es lo mismo, cuando $R = X_c$ (fig. 99).

$$R = 1/\omega C = 1/2\pi f C$$

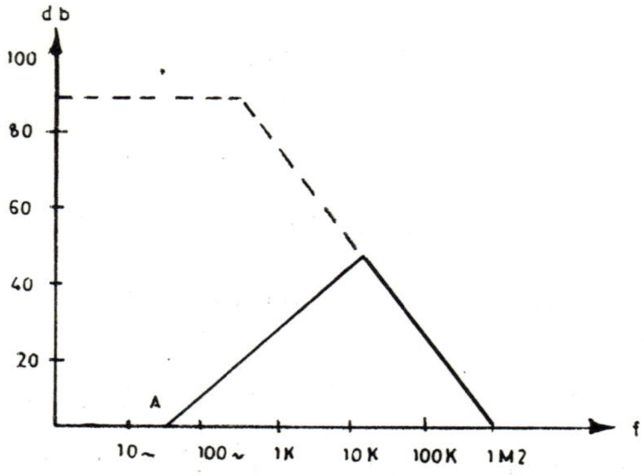

Fig. 99.

donde:

$$f = 1/2\pi RC.$$

5.8. Filtro de paso alto.

La finalidda de este circuito es la de atenuar las frecuentes bajas y mantener una ganancia fija en las altas. Dicho de otra forma, su misión es la de filtrar las frecuencias bajas. En inglés se le llama *Washout*.

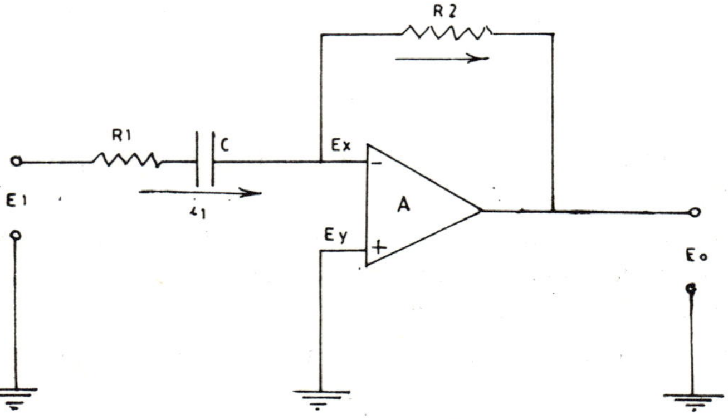

Fig. 100.

Calculando las corrientes e igualándolas tendremos:

$$i_1 = \frac{E_1 - E_x}{R_1 + X_c}$$

$$i_2 = \frac{E_x - E_0}{R_2}$$

$$i_1 = i_2$$

$$\frac{E_1}{R_1 + X_c} = -\frac{E_0}{R_2}.$$

Como $X_c = 1/\mathrm{j}\omega C$, nos quedará:

$$E_0 = -E_1 \frac{R_2}{R_1 + \dfrac{1}{\mathrm{j}\omega C}} = -E_1 \frac{\mathrm{j}\omega C R_2}{1 + \mathrm{j}\omega C R_1}$$

La ganancia es:

$$\frac{E_0}{E_1} = \frac{-\mathrm{j}\omega C R_2}{1 + \mathrm{j}\omega C R_1}$$

Dividiendo numerador y denominador por $\mathrm{j}\omega C R_1$ tendremos:

$$\frac{E_0}{E_1} = -\frac{\dfrac{\mathrm{j}\omega C R_2}{\mathrm{j}\omega C R_1}}{\dfrac{1 + \mathrm{j}\omega C R_1}{\mathrm{j}\omega C R_1}} = -\frac{R_2/R_1}{1 + 1/\mathrm{j}\omega C R_1}.$$

Tomando logaritmos y multiplicando por 20 tendríamos la ganancia en decibelios y el módulo de esta será:

$$|G| = 20 \lg \left| \frac{E_0}{E_1} \right| = 20 \lg R_2/R_1 - 20 \lg |1 + 1/\mathrm{j}\omega C R_1|$$

$$|G| = 20 \lg R_2/R_1 - 20 \lg \sqrt{1 + 1/(\omega C R_1)^2}.$$

Si damos valores vemos que para una ω muy pequeña el segundo término se hace muy grande. Al ir aumentando la frecuencia el término $20 \lg \sqrt{1 + 1/(\omega C R_1)^2}$ se va haciendo cada vez menor y aumenta la ganancia. Cuando $X_c = R_1$ o lo que es lo mismo $1/\omega C = R_1$, que es en la frecuencia de corte, la ganancia deja de aumentar y de aquí en adelante permanece constante e igual a $20 \lg R_2/R_1$.

Para $\omega = 1/CR_1 \Rightarrow |G| = 20 \lg R_2/R_1 - 20 \lg \sqrt{2} \approx 20 \lg R_2/R_1$.

Para $\omega \gg 1/CR_1$ o, lo que es lo mismo, $\omega CR_1 \gg 1$, el término $1/(\omega CR_1)^2 \approx 0$ y $|G| = 20 \lg R_2/R_1$.

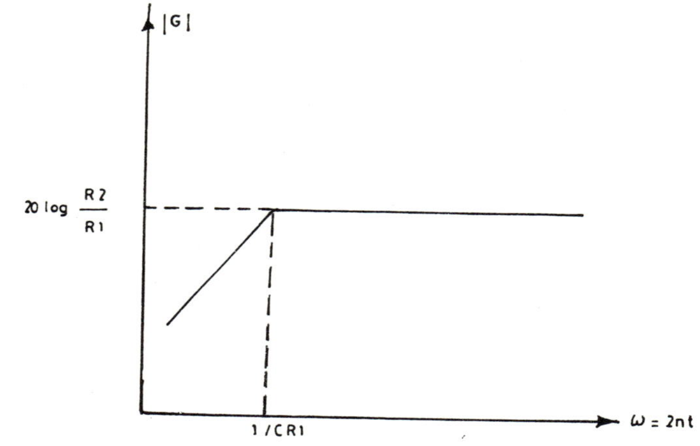

Fig. 101.

5.9. Filtro de paso bajo o retardo de fase.

Con este tipo de filtro representado en la figura 88, vamos a tener una ganancia constante en las frecuencias bajas ($20 \lg R_2/R_1$) e irá disminuyendo una vez pasada la frecuencia de corte. En inglés se llama *Lag Filter.*

En el cálculo de la tensión de salida vamos a emplear la tónica de siempre, y para facilitar estos cálculos llamaremos a la impedancia de realimentación Z_0, siendo ésta como sabemos la combinada en paralelo de R_2 y C.

$$i_1 = i_0$$

$$i_1 = \frac{E_1 - E_x}{R_1} = \frac{E_1}{R_1}$$

$$i_0 = \frac{E_x - E_0}{Z_0} = -\frac{E_0}{Z_0}$$

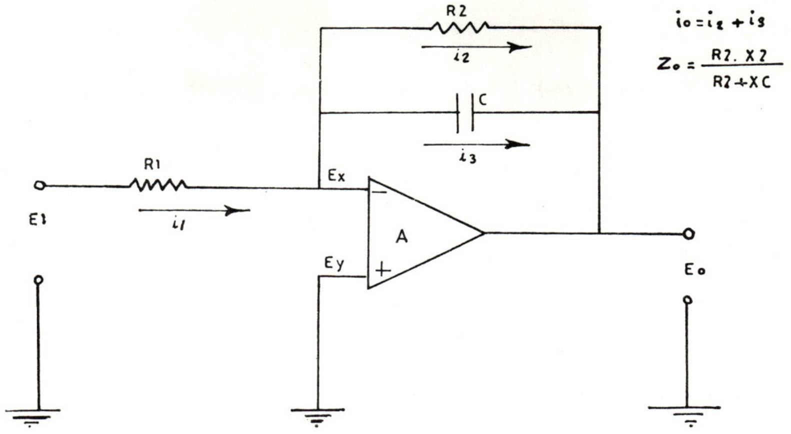

Fig. 102.

Igualando las corrientes tendremos:

$$\frac{E_1}{R_1} = -\frac{E_0}{Z_0}$$

$$E_0 = -E_1 \frac{Z_0}{R_1}$$

Sustituimos Z_0 por su valor,

$$E_0 = -E_1 \frac{\dfrac{R_2 \cdot X_c}{R_2 + X_c}}{R_1} = -E_1 \frac{R_2 \cdot X_c}{R_1 (R_2 + X_c)}$$

dando a X_c su valor $1/j\omega C$, pasará a ser

$$E_0 = -E_1 \frac{R_2 \cdot \dfrac{1}{j\omega C}}{R_1 (R_2 + 1/j\omega C)} = -E_1 \frac{\dfrac{R_2}{j\omega C}}{\dfrac{R_1 (j\omega C R_2 + 1)}{j\omega C}} =$$

$$-E_1 \frac{R_2}{R_1 (j\omega C R_2 + 1)}$$

$$\frac{E_0}{E_1} = -\frac{R_2}{R_1(1 + j\omega CR_2)} = -\frac{R_2}{R_1} \cdot \frac{1}{(1 + j\omega CR_2)}$$

$$|G|_{dB} = 20 \lg \left| \frac{E_0}{E_1} \right| = 20 \lg \frac{R_2}{R_1} - 20 \lg |1 + j\omega CR_2|$$

$$|G|_{dB} = 20 \lg \frac{R_2}{R_1} - 20 \lg \sqrt{1 + (\omega CR_2)^2}$$

Para frecuencias muy bajas

$$\omega \ll \frac{1}{R_2 C} \Rightarrow \omega R_2 C \ll 1$$

La ganancia nos queda igual a:

$$|G| = 20 \lg \frac{R_2}{R_1} - 20 \lg 1 = 20 \lg \frac{R_2}{R_1}$$

Cuando $\omega = 1/CR_2$ (frecuencia de corte) $|G| = 20\, lg \frac{R_2}{R_1}$.

Desde este momento, al aumentar ω, va aumentando el segundo término ($20 \lg \sqrt{1 + (\omega CR_2)^2}$ y con ello disminuye la ganancia, con una pendiente de -20dB/década.

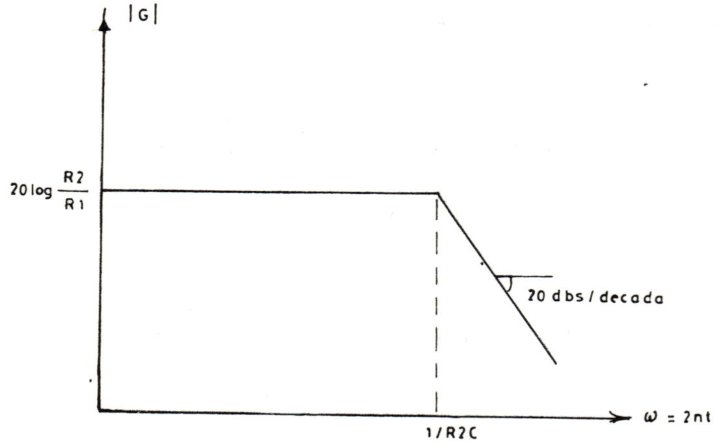

Fig. 103.

5.10. Filtro de paso de banda.

Con este tipo de montaje vamos a filtrar (atenuando) las altas y las bajas frecuencias, manteniendo una determinada ganancia, constante, para un ancho de frecuencia central. En inglés se le llama *Band Pass Filter*.

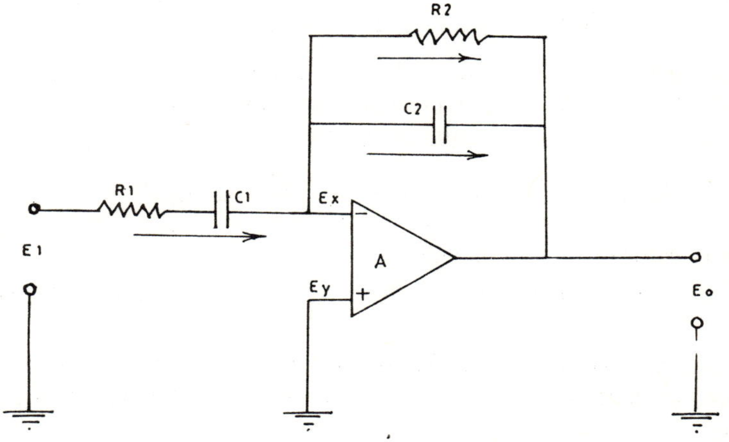

Fig. 104.

Llamaremos para facilidad de los cálculos Z_1 a la impedancia de entrada y Z_0 a la de realimentación, siendo:

$$Z_1 = R_1 + X_{c1} \quad \text{y} \quad Z_0 = \frac{R_2 \cdot X_{c2}}{R_2 + X_{c2}}$$

Como el montaje es un circuito inversor, la tensión de salida será:

$$E_0 = -E_1 \frac{Z_0}{Z_1} = -E_1 \frac{\dfrac{R_2 \cdot X_{c2}}{R_2 + X_{c2}}}{R_1 + X_{c1}} = -E_1 \frac{R_2 \cdot X_{c2}}{(R_2 + X_{c2})(R_1 + X_{c1})}$$

Como

$$X_{c1} = 1/\mathrm{j}C_1\,\omega \quad \text{y} \quad X_{c2} = 1/\mathrm{j}C_2\,\omega$$

$$E_0 = -E_1 \frac{R_2 \cdot \dfrac{1}{\mathrm{j}\omega C_2}}{(R_2 + 1/\mathrm{j}\omega C_2)(R_1 + 1/\mathrm{j}\omega C_1)} = -E_1 \frac{R_2}{\dfrac{(1 + \mathrm{j}\omega C_2 R_2)(1 + \mathrm{j}\omega C_1 R_1)}{\mathrm{j}\omega C_1}}$$

$$E_0 = -E_1 \frac{j\omega C_1 R_2}{(1 + j\omega C_2 R_2)(1 + j\omega C_1 R_1)}$$

La ganancia en decibelios será:

$$|G|_{dB} = 20 \lg \left| \frac{E_0}{E_1} \right| = 20 \lg \frac{|j\omega C_1 R_2|}{|1 + j\omega C_2 R_2|\,|1 + j\omega C_1 R_1|}$$

$$|G|_{dB} = 20 \lg |j\omega C_1 R_2| - [20 \lg |1 + j\omega C_2 R_2| + 20 \lg |1 + j\omega C_1 R_1|]$$

Aquí existen dos frecuencias de corte: una es $\omega_2 = 1/C_2 R_2$ y la otra $\omega_1 = 1/C_1 R_1$, para ver mejor la representación de la ganancia vamos a considerar que $\omega_1 < \omega_2$ o lo que es lo mismo $1/C_1 R_1 < 1/C_2 R_2$.

$$|G| = 20 \lg \omega C_1 R_2 - [20 \lg \sqrt{1 + \omega^2 C_2^2 R_2^2} + 20 \lg \sqrt{1 + \omega^2 C_1^2 R_1^2}]$$

Demos valores a la frecuencia:

Para $\omega = 0$ los tres términos de la igualdad se anulan y la ganancia es nula.

Al aumentar ω van creciendo los tres miembros de la igualdad, pero el primero lo hace en más proporción que los otros dos, luego la ganancia aumenta.

En la primera frecuencia de corte $\omega_1 = 1/C_1 R_1$ ocurre lo siguiente:

$$|G| = 20 \lg \frac{C_1 R_2}{C_1 R_1} - \left[20 \lg \sqrt{1 + \frac{C_2^2 R_2^2}{C_1^2 R_1^2}} + 20 \lg \sqrt{1 + \frac{C_1^2 R_1^2}{C_1^2 R_1^2}} \right]$$

Como hemos dicho que $1/C_1 R_1 < 1/C_2 R_2$, que es lo mismo que $C_2 R_2 < C_1 R_1$, entonces en la igualdad de arriba el segundo término se anula prácticamente e igual ocurre con el tercero, que despreciamos por su bajo valor, quedándonos:

$$|G| = 20 \lg \frac{R_2}{R_1} - 20 \lg \sqrt{2} \approx 20 \lg \frac{R_2}{R_1}$$

La ganancia permanecerá en este valor hasta que llegamos a la segunda frecuencia de corte $\omega_2 = 1/C_2 R_2$.

Si seguimos aumentando la frecuencia, la ganancia irá disminuyendo hasta que los condensadores se comporten como un corto para alta frecuencia. Entonces la ganancia será nula, puesto que la resistencia de realimentación R_2 pasa a ser cero.

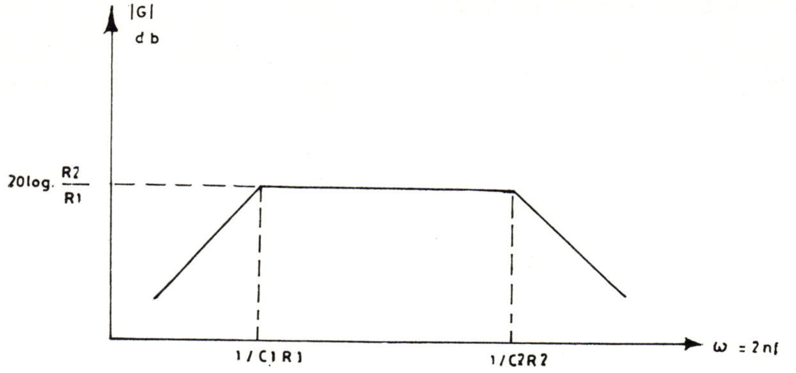

Fig. 105.

De considerar la frecuencia de corte $1/C_2 R_2$ menor que la $1/C_1 R_1$, que es lo mismo que decir $C_1 R_1 < C_2 R_2$, entonces la ganancia en la parte plana sería:

$$|G| = 20 \lg \frac{C_1 R_2}{C_2 R_2} - \left[20 \lg \sqrt{1 + \frac{C_2^2 R_2^2}{C_2^2 R_2^2}} + 20 \lg \sqrt{1 + \frac{C_1^2 R_1^2}{C_2^2 R_2^2}} \right]$$

Anulándose los dos últimos términos de la igualdad, al igual que en el ejemplo anterior y quedando $|G| = 20 \lg \frac{C_1}{C_2}$.

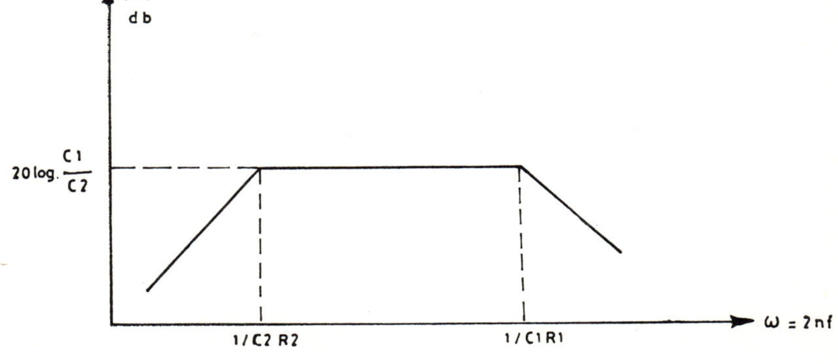

Fig. 106.

5.11. Filtro de rechazo de banda.

Atenúa un determinado ancho de banda de frecuencia, amplificando más las frecuencias bajas y las altas. En inglés se le llama *Band Stop.*

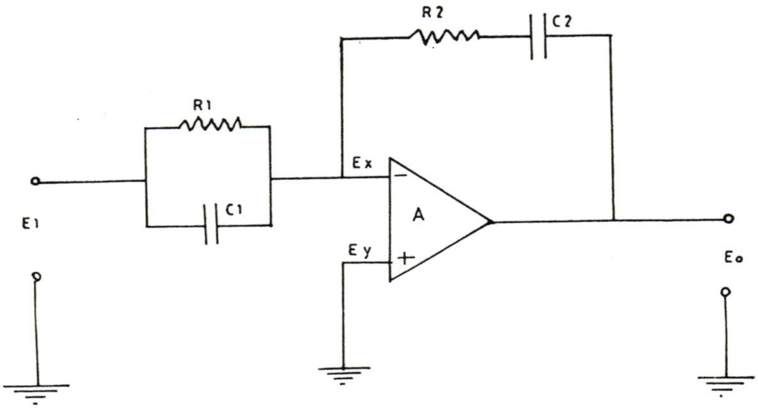

Fig. 107.

Llamaremos Z_0 a la impedancia de realimentación y Z_1 a la de entrada, siendo éstas:

$$Z_0 = R_2 + X_{c2} \quad \text{y} \quad Z_1 = \frac{R_1 \cdot X_{c1}}{R_1 + X_{c1}}$$

En el inversor de la figura 107, la tensión de salida será:

$$E_0 = -E_1 \frac{Z_0}{Z_1} = -E_1 \frac{R_2 + X_{c2}}{\dfrac{R_1 \cdot X_{c1}}{R_1 + X_{c1}}} = -E_1 \frac{(R_2 + X_{c2})(R_1 + X_{c1})}{R_1 \cdot X_{c1}}$$

como

$$X_{c1} = \frac{1}{j\omega C_1} \quad \text{y} \quad X_{c2} = \frac{1}{j\omega C_2}$$

$$E_0 = -E_I \frac{\left(R_1 + \dfrac{1}{j\omega C_1}\right)\left(R_2 + \dfrac{1}{j\omega C_2}\right)}{R_1 \cdot \dfrac{1}{j\omega C_1}}$$

$$E_0 = -E_1 \frac{\dfrac{(1 + j\omega C_2 R_2)}{j\omega C_2} \cdot \dfrac{(1 + j\omega C_1 R_1)}{j\omega C_1}}{\dfrac{R_1}{j\omega C_1}}$$

$$E_0 = -E_1 \frac{(1 + j\omega C_2 R_2)(1 + j\omega C_1 R_1)}{j\omega C_2 R_1}$$

La ganancia en decibelios, como ya sabemos, será:

$$|G| = 20 \lg \frac{E_0}{E_1} = 20 \lg |1 + j\omega C_2 R_2| + 20 \lg |1 + j\omega C_1 R_1| - 20 \lg |j\omega C_2 R_1|$$

$$|G| = 20 \lg \sqrt{1 + \omega^2 C_2^2 R_2^2} + 20 \lg \sqrt{1 + \omega^2 C_1^2 R_1^2} - 20 \lg \omega C_2 R_1.$$

Para la representación de la ganancia, vamos a suponer que la frecuencia de corte $1/C_1 R_1$ sea menor que la $1/C_2 R_2$.

$$1/C_1 R_1 < 1/C_2 R_2 \text{ o lo que es igual } C_2 R_2 < C_1 R_1.$$

La ganancia, que en frecuencias bajas tiene un valor, ya que hay dos términos positivos frente a uno negativo, va disminuyendo al aumentar la frecuencia hasta la frecuencia de $1/C_1 R_1$, en la cual:

$$|G| = 20 \lg \sqrt{1 + \frac{C_2^2 R_2^2}{C_1^2 R_1^2}} + 20 \lg \sqrt{1 + \frac{C_1^2 R_1^2}{C_1^2 R_1^2}} - 20 \lg \frac{C_2 R_1}{C_1 R_1}.$$

Prácticamente $|G| \approx -20 \lg \dfrac{C_2}{C_1} = 20 \lg \dfrac{C_1}{C_2}$.

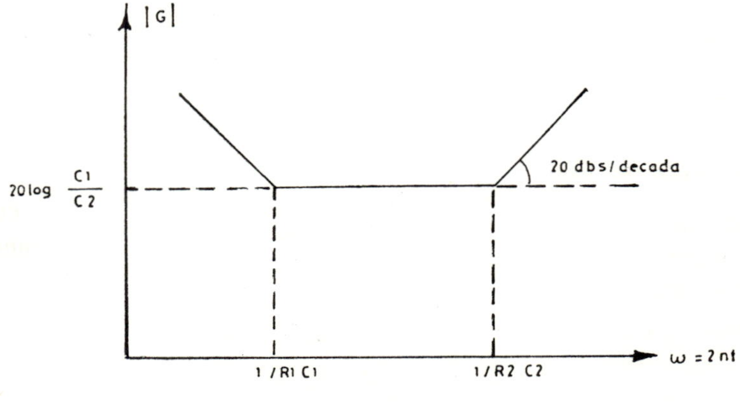

Fig. 108.

En la figura 108 vemos que una vez pasada la segunda frecuencia de corte la ganancia aumenta y esto es porque en frecuencias altas los condensadores se cortocircuitan prácticamente, quedando la ganancia, como sabemos, $R_2/0 \Rightarrow \infty$, ya que R_1 se hace nula con C_1.

Si la frecuencia de corte fuese:

$$\frac{1}{R_2 C_2} < \frac{1}{R_1 C_1}$$

que es lo mismo que $R_1 C_1 < R_2 C_2$, entonces la ganancia sería:

$$|G| = 20 \lg \sqrt{1 + \frac{C_2^2 R_2^2}{C_2^2 R_2^2}} + 20 \lg \sqrt{1 + \frac{C_1^2 R_1^2}{C_2^2 R_2^2}} - 20 \lg \frac{C_2 R_1}{C_2 R_2}$$

$$|G| \approx -20 \lg \frac{R_1}{R_2} = 20 \lg \frac{R_2}{R_1}$$

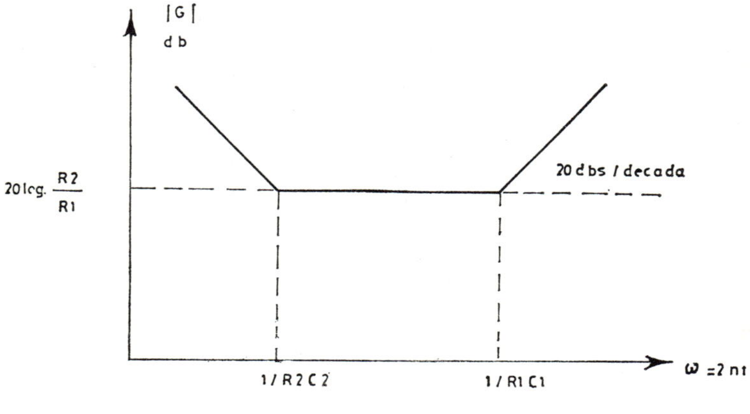

Fig. 109.

5.12. Avance de fase.

Mantiene una ganancia constante hasta la frecuencia de corte y luego amplifica las altas frecuencias con una pendiente de ganancia de 20 dB/década.

Llamando a la impedancia de entrada Z_1 y siendo:

$$Z_1 = \frac{R_1 \cdot X_c}{R_1 + X_c}$$

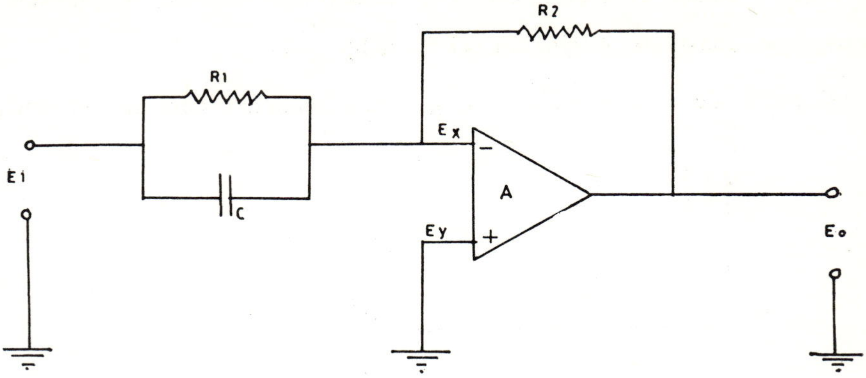

Fig. 110.

La tensión de salida será:

$$E_0 = -E_1 \frac{R_2}{Z_1} = -E_1 \frac{R_2}{\dfrac{R_1 \cdot X_c}{R_1 + X_c}} = -E_1 \frac{R_2 (R_1 + X_c)}{R_1 \cdot X_c}$$

Como $X_c = \dfrac{1}{j\omega C}$

$$E_0 = -E_1 \frac{R_2 \left(R_1 + \dfrac{1}{j\omega C} \right)}{R_1 \cdot \dfrac{1}{j\omega C}} = -E_1 \frac{R_2 (1 + j\omega C R_1)}{R_1}$$

$$E_0 = -E_1 \frac{R_2}{R_1} (1 + j\omega C R_1).$$

La ganancia será:

$$|G| = 20 \lg \left| \frac{E_0}{E_1} \right| = 20 \lg \frac{R_2}{R_1} + 20 \lg (1 + j\omega C R_1)$$

$$|G| = 20 \lg \frac{R_2}{R_1} + 20 \lg \sqrt{1 + \omega^2 C^2 R_1^2}$$

Como vemos, en frecuencias por debajo de la corte la ganancia permanece constante e igual a $|G| = 20 \lg \frac{R_2}{R_1}$.

A partir de este momento, la ganancia aumenta con la frecuencia

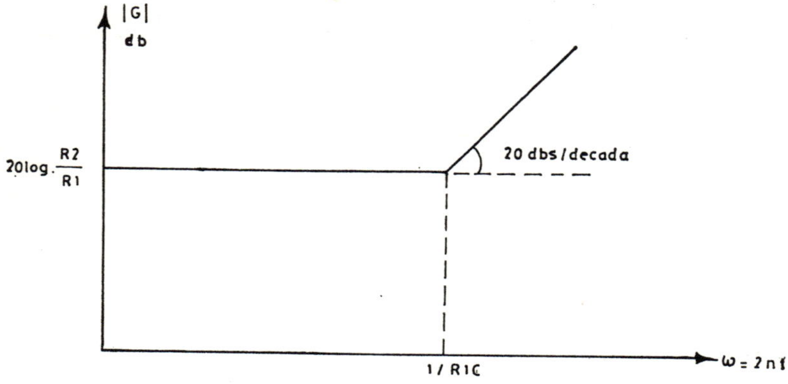

Fig. 111.

5.13. Avance-retardo y retardo-avance.

Este tipo de montaje mantiene constante la ganancia en altas y bajas frecuencias, variando ésta con una pendiente de ± 20 decibelios por década en la parte central de frecuencia.

Si llamamos Z_0 a la impedancia de realimentación y Z_1 a la de entrada, siendo éstas:

$$Z_0 = \frac{R_2 \cdot X_{c2}}{R_2 + X_{c2}} \quad \text{y} \quad Z_1 = \frac{R_1 \cdot X_{c1}}{R_1 + X_{c1}}$$

El voltaje E_0 de salida en este montaje inversor, será:

$$E_0 = -E_1 \frac{Z_0}{Z_1} = -E_1 \frac{\dfrac{R_2 \cdot X_{c2}}{R_2 + X_{c2}}}{\dfrac{R_1 \cdot X_{c1}}{R_1 + X_{c1}}} = -E_1 \frac{(R_2 \cdot X_{c2})(R_1 + X_{c1})}{(R_2 + X_{c2})(R_1 \cdot X_{c1})}$$

Siendo $X_{c1} = \dfrac{1}{j\omega C_1}$ y $X_{c2} = \dfrac{1}{j\omega C_2}$

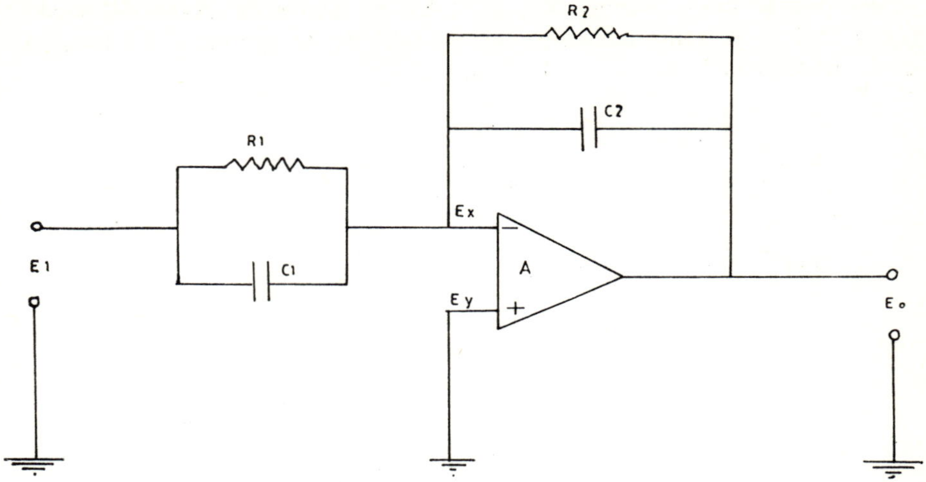

Fig. 112.

$$E_0 = -E_1 \frac{\left(R_2 \cdot \frac{1}{j\omega C_2}\right) \left(R_1 + \frac{1}{j\omega C_1}\right)}{\left(R_2 + \frac{1}{j\omega C_2}\right) \left(R_1 \cdot \frac{1}{j\omega C_1}\right)}$$

$$E_0 = -E_1 \frac{R_2 (1 + j\omega R_1 C_1)}{R_1 (1 + j\omega R_2 C_2)} = -E_1 \frac{R_2}{R_1} \cdot \frac{(1 + j\omega R_1 C_1)}{(1 + j\omega R_2 C_2)}$$

La ganancia en decibelios sería:

$$|G| = 20 \lg \left| \frac{E_0}{E_1} \right| = 20 \lg \frac{R_2}{R_1} + 20 \lg |1 + j\omega R_1 C_1| - 20 \lg |1 + j\omega R_2 C_2|$$

$$|G| = 20 \lg \frac{R_2}{R_1} + 20 \lg \sqrt{1 + \omega^2 R_1^2 C_1^2} - 20 \lg \sqrt{1 + \omega^2 R_2^2 C_2^2}$$

Aquí pueden ocurrir dos cosas:

a) Que $\frac{1}{R_1 C_1} < \frac{1}{R_2 C_2}$ o $R_2 C_2 < R_1 C_1$

b) Que $\frac{1}{R_2 C_2} < \frac{1}{R_1 C_1}$ o $R_1 C_1 < R_2 C_2$.

El primer caso cuando $R_2 C_2 < R_1 C_1$, se llama de Avance-Retardo *(Lead-Lag)* y la representación del módulo de la ganancia en función de la frecuencia la vemos en la figura 113.

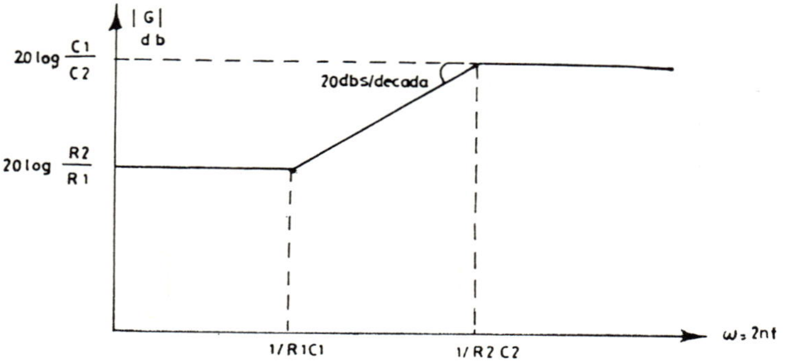

Fig. 113.

Cuando ocurre que $R_1 C_1 < R_2 C_2$, se le llama de Retardo-Avance *(Lag-Lead)* y la representación del módulo de la ganancia en función de la frecuencia lo vemos en la figura 114.

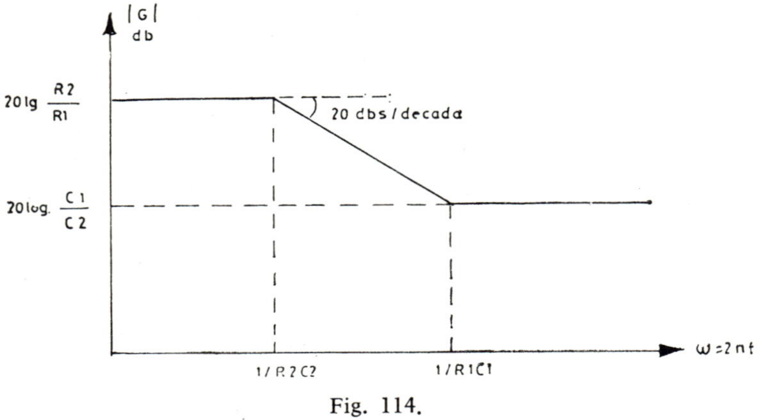

Fig. 114.

5.14. Integrador con avance de fase.

Su estudio es como todos los anteriores, tomándolo como un simple inversor y llamándole Z_0 a la impedancia de realimentación; el voltaje de salida será:

$$E_0 = -E_1 \frac{Z_0}{R_1}$$

Siendo $Z_0 = R_2 + X_c$.

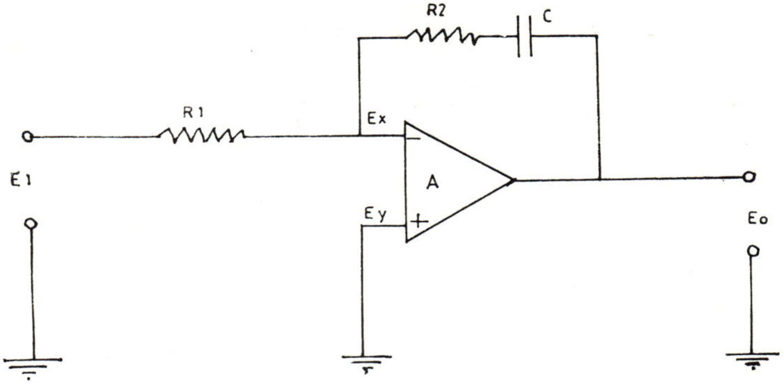

Fig. 115.

$$E_0 = -E_1 \frac{R_2 + X_c}{R_1} = -E_1 \frac{R_2 + 1/\mathrm{j}\omega C}{R_1} = -E_1 \frac{(1 + \mathrm{j}\omega R_2 C)}{\mathrm{j}\omega C R_1}$$

La ganancia será:

$$|G| = 20 \lg \left| \frac{E_0}{E_1} \right| = 20 \lg |1 + \mathrm{j}\omega R_2 C| - 20 \lg |\mathrm{j}\omega C R_1|$$

$$|G| = 20 \lg \sqrt{1 + \omega^2 R_2^2 C_2^2} - 20 \lg \omega C R_1$$

Siendo

$$\frac{1}{R_2 C} > \frac{1}{R_1 C} \quad \text{o} \quad R_1 C > R_2 C \quad \text{o} \quad R_1 > R_2.$$

Para una frecuencia $1/R_1C$, la ganancia será:

$$|G| = 20 \lg \sqrt{1 + \frac{R_2^2 C^2}{R_1^2 C^2}} - 20 \lg \frac{CR_1}{R_1 C}$$

$$|G| = 20 \lg \sqrt{1 + \frac{R_2^2}{R_1^2}} = 0 \text{ dB},$$

ya que $R_1 > R_2$.

En la frecuencia de corte $1/R_2 C$ tendremos:

$$|G| = 20 \lg \sqrt{1 + \frac{R_2^2 C^2}{R_2^2 C^2}} - 20 \lg \frac{CR_1}{R_2 C}$$

$$|G| \approx -20 \lg \frac{R_1}{R_2} = 20 \lg \frac{R_2}{R_1}.$$

La representación de la ganancia será:

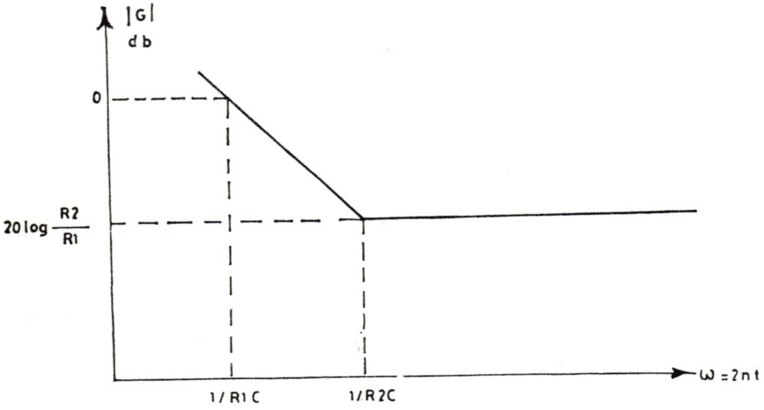

Fig. 116.

NOTA: De haber querido representar la fase de la ganancia en función de la frecuencia lo podíamos haber hecho, con sólo tener en cuenta que en una expresión compleja la tangente del ángulo es el cociente entre la parte imaginaria y la real.

5.15. Ejercicios prácticos.

5.15.1. Integrador.

a) Aplicar en V_1 una señal con una amplitud de 10 Vpp y una frecuencia de 1 KHz. Observar que la salida es de 1,59 Vpp.

b) Cambiar la capacidad del condensador a 100 nF y observar que la salida es diez veces menor que en el apartado anterior.

c) Cambiar la capacidad del condensador a 1 nF; la salida será aproximadamente 15,5 Vpp.

d) Aplicar 1 V en la entrada V_1 y observar que la salida será aproximadamente 1,5 Vpp.

e) Cambiar la capacidad del condensador a 0,1 nF y observar que la salida es de aproximadamente 15,9 Vpp.

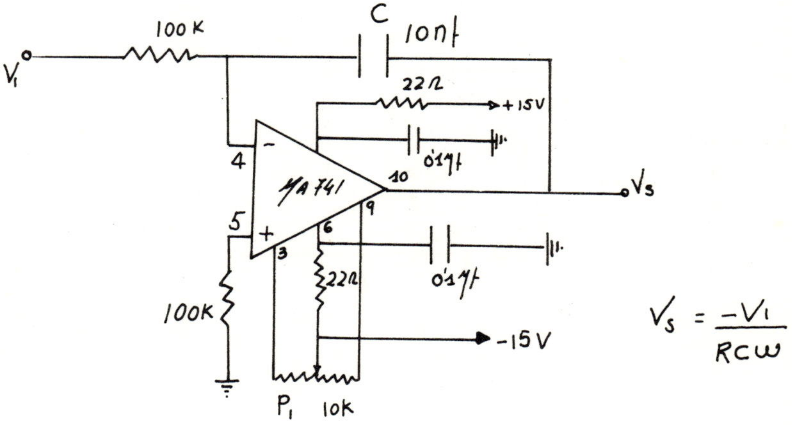

Fig. 117.

5.15.2. *Diferenciador.*

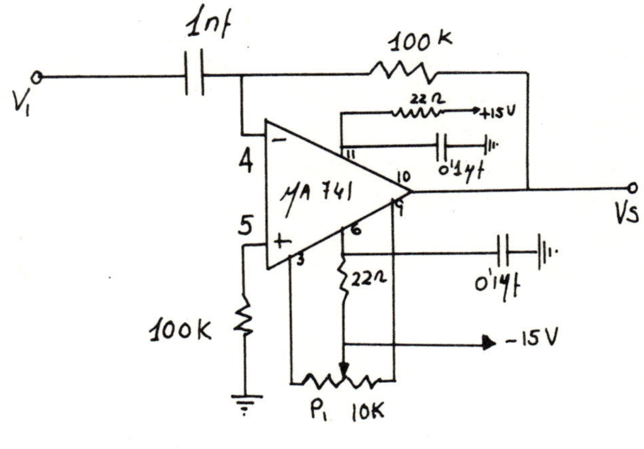

Fig. 118.

a) Aplicar 10 Vpp a la entrada V_1 y comprobar que la salida es aproximadamente 6,28 V.

b) Disminuir la frecuencia y ver que al hacerse la X_c mayor, la ganancia disminuye.

5.15.3. Filtro paso banda.

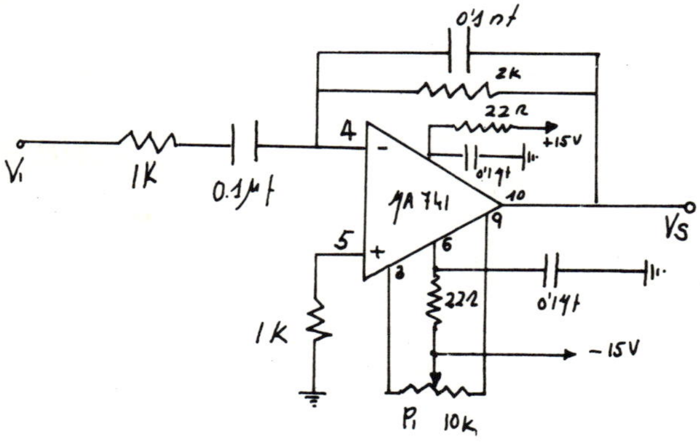

$$V_s = -V_1 \frac{\dfrac{2K \cdot \frac{1}{jC\omega}}{2k + 1/jC\omega}}{1k + \dfrac{1}{jC\omega}}$$

Fig. 119.

a) Aplicar 5 Vpp de una frecuencia baja, de unos 300 Hz, a la entrada V_1.

b) Aumentar la frecuencia y observar que la ganancia crece. Para una frecuencia de corte la ganancia permanece constante e igual a 2 K/1 K = Dos veces.

c) Al seguir aumentando la frecuencia, la ganancia empezará a disminuir a partir de la segunda frecuencia de corte.

d) Anotar las dos frecuencias de corte, observando solamente la pantalla del oscilógrafo.

CAPITULO **6**

Aplicaciones de los amplificadores operacionales

6.1. Fuente de referencia.

Como ya dijimos, la mejor tensión de referencia se obtiene con una pila o un Zener, pero tienen un inconveniente y es que la corriente que pueden suministrar es muy pequeña. Empleándose en unión de un ampli-

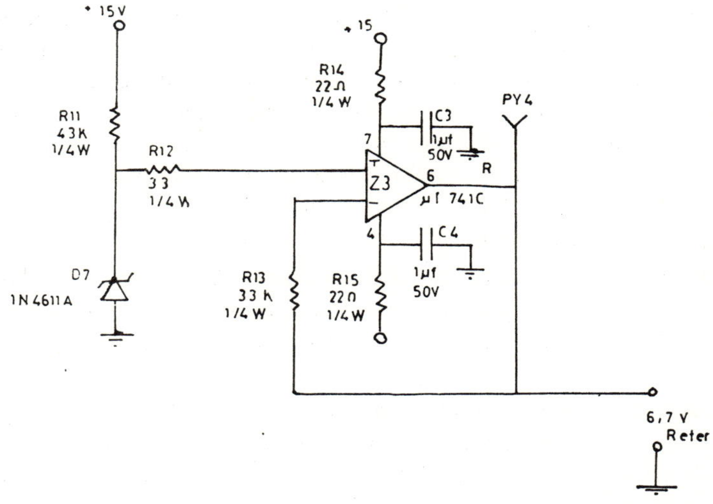

Fig. 120

ficador operacional, podemos conseguir más consumo a partir de este último.

En la figura 120 vemos un montaje de este tipo. El diodo D_7 está polarizado inversamente y le hacemos trabajar en el codo de su respuesta. El voltaje estabilizador del Zener está aplicado al μA741C en su terminal positivo. Este está en lazo cerrado y por tanto su montaje es como separador. El voltaje de salida, como podemos ver en la figura, es 6,7 V, que es el de trabajo del Zener, pero se puede suministrar una corriente de salida de 120 mA a través del amplificador operacional Z_3.

La tensión de alimentación del μA741C es de $\pm$ 15 V, luego podríamos obtener también una tensión de — 6,7 V de referencia a la salida con aplicar a la resistencia R_{11} un voltaje negativo de 15 V en vez de positivo como en la figura 120 y darle la vuelta a las conexiones del diodo de Zener D_7. También podríamos conseguir otro valor de referencia, sustituyendo el diodo de Zener 1N4611A por otro de valor distinto.

6.2. Fuente de alimentación de 10 V.

La alimentación de esta fuente puede ser a partir de 28 V de c.c. o de una tensión alterna que deberíamos rectificar.

En esta fuente vemos que salen cuatro hilos: dos de ellos son los de tensión de salida y los otros dos son para *sensear* la tensión de salida y mantener la salida siempre al mismo valor. Este tipo de fuente tiene gran aplicación cuando queremos alimentar un traductor, por ejemplo, que está a varios metros de la fuente y puede existir caída de voltaje a través de la instalación. Lo que se hace es llevar los cuatro hilos de salida de la fuente hasta el propio traductor y unirlos allí según la figura 121. De esta forma podemos estar seguros de que al traductor le llegarán esos + 10 V, a pesar de haber caída en la instalación.

El amplificador trabaja como diferenciador o restador. En su terminal positivo se le aplica un voltaje de referencia, suministrado por el diodo de Zener D_3, y en su terminal negativo un voltaje sacado del divisor R_4-R_5.

La realimentación del amplificador es a través de R_7, la unión base-emisor de Q_2 y R_4. Podríamos decir que Z_1 trabaja como comparador, ya que compara el voltaje del Zener con el del divisor de tensión R_4-R_5, pero en lazo cerrado. El funcionamiento de la fuente en conjunto es como sigue:

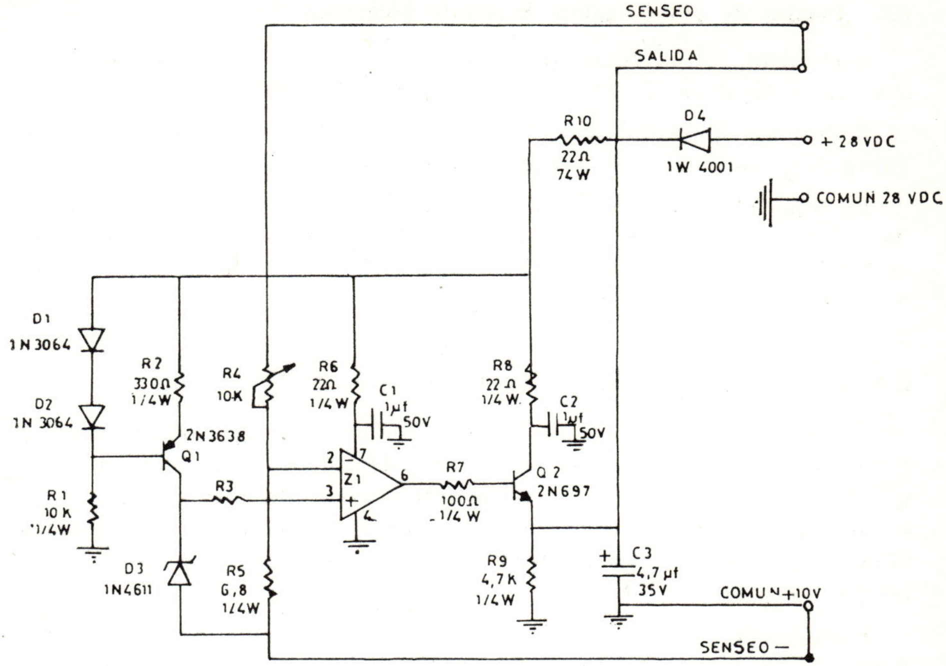

Fig. 121.

Cuando el voltaje de salida es mayor de 10 V, por conducir más de lo necesario al transistor Q_2, el voltaje en la entrada negativa de Z_1 se hará mayor, haciendo que el de salida de Z_1 sea menor. Como el transistor Q_2 es NPN, al hacerse su base más negativa que antes conducirá menos y por tanto disminuirá el voltaje de salida a 10. V.

En el amplificador:

$$E_6 = (E_3 - E_2)\, G$$

Siendo G la ganancia del sistema y aproximadamente

$$G = \frac{(R_7 + R_{\text{base-emisor}} + R_4) + R_5}{R_5}.$$

6.3. Fuente de alimentación de doble polaridad.

Esta fuente es exactamente igual a la de la figura 121, aunque tiene dos ramas idénticas. Los transistores de potencia son NPN y PNP.

Podríamos alimentar con tensión continua o, como vemos en la figura 122, con una tensión alterna rectificada.

El funcionamiento es idéntico al que hemos explicado en la fuente de + 10 V. Los amplificadores Z_1 y Z_2 están constantemente comparando el voltaje de referencia de los Zener D_5 y D_6 con los de salida de + 15 y — 15 V, respectivamente.

6.4. Fuente de alimentación con reguladores.

Estas fuentes son muy empleadas hoy día en equipos electrónicos y normalmente suelen suministrar 500 mA de corriente de salida. Los reguladores de voltaje son de muy distintas casas y los hay desde 5 V de salida hasta 24 V. Físicamente suelen ser según la figura 123. En los montajes que veremos, los amplificadores operacionales empleados serán los ya conocidos μA741.

Primeramente veremos una fuente formada por un regulador μ7805 y un amplificador operacional que trabaja como detector de la señal de salida.

La finalidad del regulador es la de conseguir una señal regulada de 5 V entre sus terminales 2 y 3 (VXX), y la del amplificador es la de mantener el voltaje de salida V_0 al valor que deseamos. Constantemente se está *senseando* el voltaje V_0 en el potenciómetro y como el μA741 está montado como separador en el terminal 3 del regulador tenemos siempre una muestra del voltaje V_0. Otras de las causas de incluir el amplificador es para que no tengan efecto las variaciones de la corriente *I* sobre la salida:

$$V_0 = V_{xx}\left(1 + \frac{R_2}{R_1}\right)$$

que en nuestro caso, por haber elegido un μA7805 es de $V_0 = 5\left(1 + \frac{R_2}{R_1}\right)$

Igualmente se pueden construir fuentes de doble polaridad, pero recuerden que la corriente máxima será de 500 mA. Para la alimentación nos hará falta, como es natural, un voltaje de doble polaridad, que po-

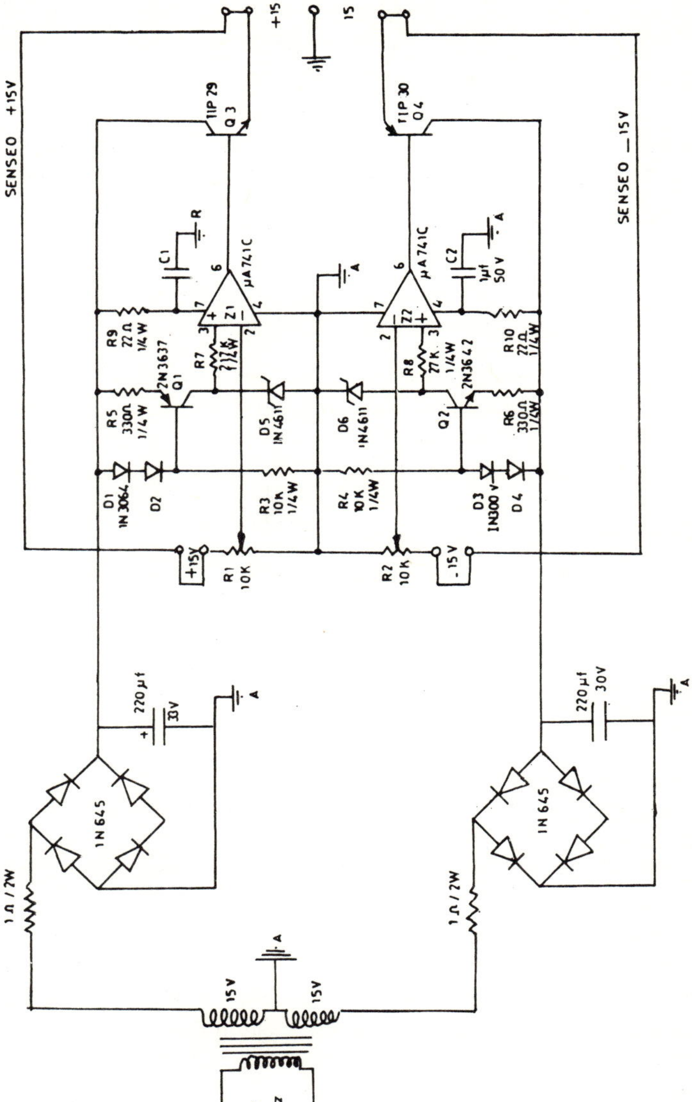
+15
15 V
SENSEO +15V
SENSEO _15V
TIP 29
Q3
TIP 30
Q4
C1
R
C2
1µf
50 V
µA741C
Z1
Z2
R9
22 Ω
1/4 W
R10
22 Ω
1/4W
R7
27K
1/2W
R8
27K
1/4W
2N3637
Q1
2N3642
Q2
R5
330Ω
1/4W
R6
330Ω
1/4W
D5
1N4611
D6
1N4611
D1
1N3064
D2
R3
10K
1/4W
R4
10K
1/4W
D3
1N300 V
D4
+15V
R1
10K
R2
10K
-15V
220 µf
33V
220 µf
30V
A
1N 645
1Ω / 2W
15V
15V
220V
50Hz

Fig. 122.

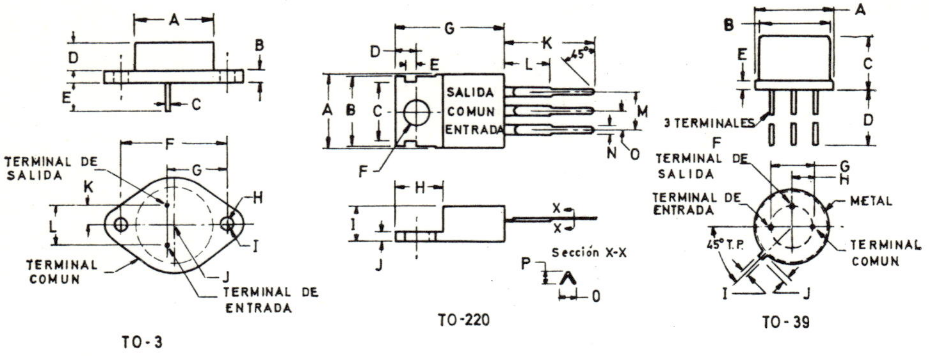

Fig. 123.

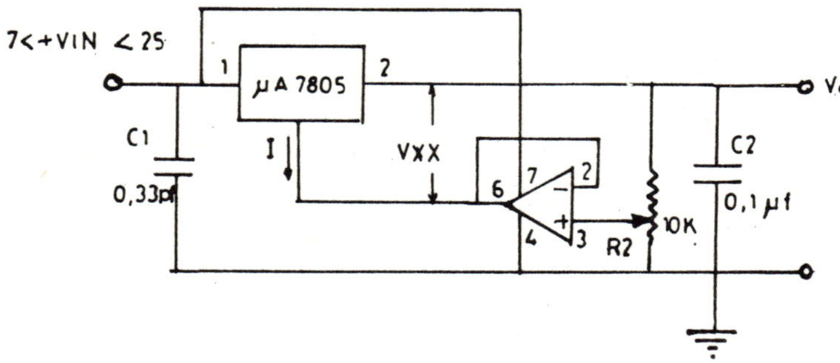

Fig. 124.

demos conseguir de un transformador de doble secundario y dos rectificadores.

En la figura 125 el regulador serie μA7800 establece el voltaje de salida positivo. Además se usa un amplificador operacional μ741 montado como inversor para proporcionar el voltaje negativo de salida; la realimentación es a través de la unión base-emisor y R_2. Este amplificador impulsa siempre al voltaje negativo de salida para que mantenga el punto de unión de R_1 y R_2 a un valor muy próximo a cero voltios:

$$-V_0 = -\left(\frac{R_2}{R_1}\right)(+V_0).$$

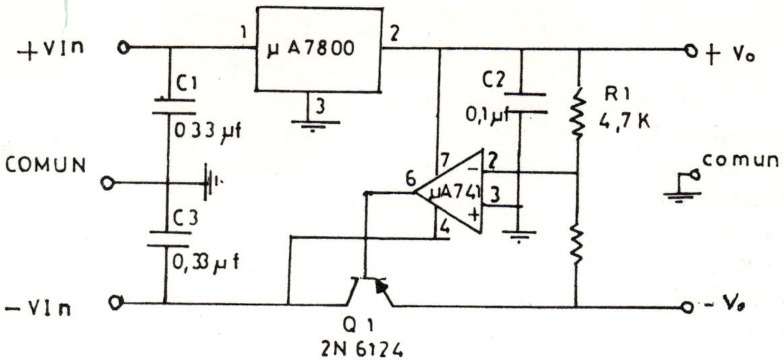

Fig. 125.

Al ser las resistencias $R_1 = R_2 = 4{,}7$ KΩ, conseguimos generar un voltaje bipolar de salida. En este montaje podemos observar que la salida negativa va siguiendo los pasos a la positiva; o sea, que cualquier cambio que ocurra en el terminal de salida $+ V_0$ aparecerá invertido en la salida $- V_0$ mientras que la salida positiva no experimentará cambio alguno cuando exista en $- V_0$.

El amplificador operacional, como podemos ver, se alimenta con la salida positiva $+ V_0$ y con la entrada negativa $- V_{IN}$.

En la figura 126 mostramos otra fuente de alimentación bipolar, pero en este montaje el regulador serie proporciona la tensión total de salida a partir de una entrada simple y flotante.

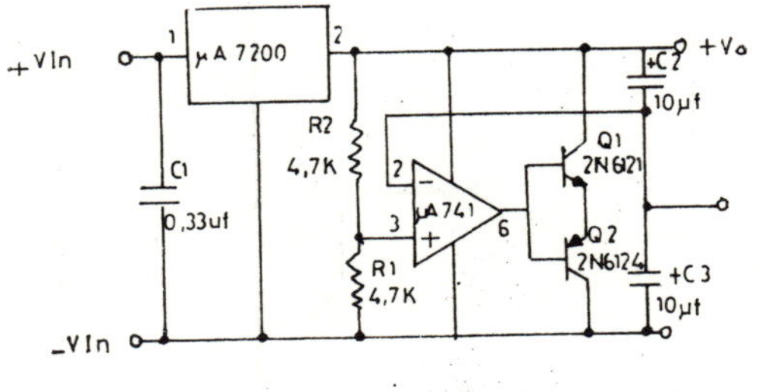

Fig. 126.

El amplificador operacional, juntamente con la etapa de salida de seguidor de emisor (Q_1 y Q_2), está conectado como separador y se usa para generar una línea común de salida a un nivel de voltaje igual al que existe en la unión de R_2 y R_1:

$$\frac{+V_0}{-V_0} = \frac{R_2}{R_1}.$$

Al ser en nuestro montaje $R_1 = R_2 = 4{,}7$ KΩ, la segunda parte de la igualdad es la unidad. Por tanto, conseguimos que la salida negativa y la positiva sean iguales. En este circuito cada salida sigue los cambios que ocurren en la otra; supongamos que por cualquier causa aumentase el valor de $+V_0$; entonces el terminal 3 de μA741 se hará más positivo y lo mismo le ocurrirá a las bases de los transistores Q_1 y Q_2, aumentando la conducción de Q_1 y disminuyendo la de Q_2 para mantener iguales los voltajes de salida respecto al punto común.

Uno de los inconvenientes de esta fuente es la limitación de corriente de salida diferencial.

6.4.1. *Fuentes de alimentación con reguladores de voltaje de precisión.* UA 723.

Este regulador puede dar una salida variable de 2 a 37 V, siendo la corriente de salida inferior a 150 miliamperios. De querer obtener mayor corriente, tendríamos que acoplar un transistor de potencia adicional.

El circuito equivalente de este amplificador es el siguiente:

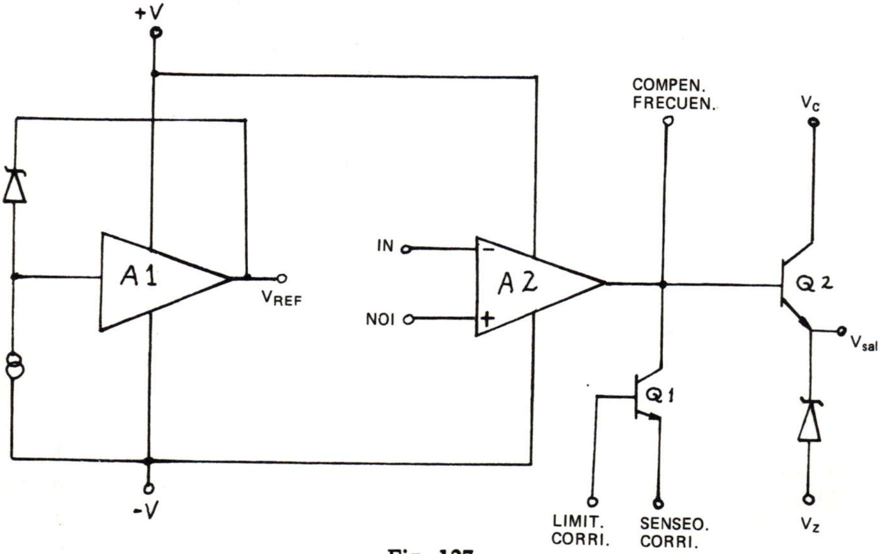

Fig. 127.

A_1 = Amplificador del voltaje de referencia.

A_2 = Amplificador de error.

Q_1 = Transistor limitador de corriente.

Q_2 = Transistor serie.

Se fabrican dos tipos de estos amplificadores operacionales:

TO-99 (redondo)	723 HM ó 723 HC	10 patitas.
Doble línea	723 DM ó 723 DC	14 "

Cada patita corresponde a los siguientes números:

	TO-99	*Doble línea*
Limitación de corriente (LC)	10	2
Senseo de corriente (SC)	1	3
Entrada inversora (IN)	2	4
Entrada no inversora (NI)	3	5
Voltaje de referencia (V. REF.)	4	6
Tensión de alimentación (—V)	5	7
Tensión de Zener (Vz)	6	9
Tensión de salida (V. sal.)	6	10
Tensión (Vc)	7	11
Tensión de alimentación (+V)	8	12
Compensación de frecuencia (CF)	9	13

Algunos de los datos que hay que tener en cuenta en este amplificador son los siguientes:

Voltaje diferencial entre la entrada y la salida	40 voltios
Voltaje entre la entrada Inversora y no Inversora	+ 5 "
Voltaje entre la entrada no inversora y la — V	8 "

Ahora vamos a ver algunos montajes prácticos, pero el uso del tipo de amplificador a emplear depende del alumno.

Fuente de alimentación con salida fija de + 5 V y 150 mA.

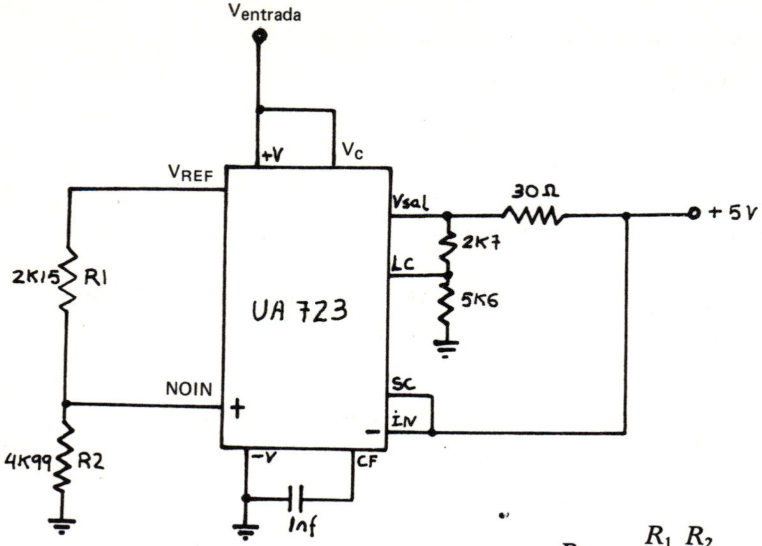

$$R_3 = \frac{R_1\ R_2}{R_1 + R_2}$$

Fig. 128.

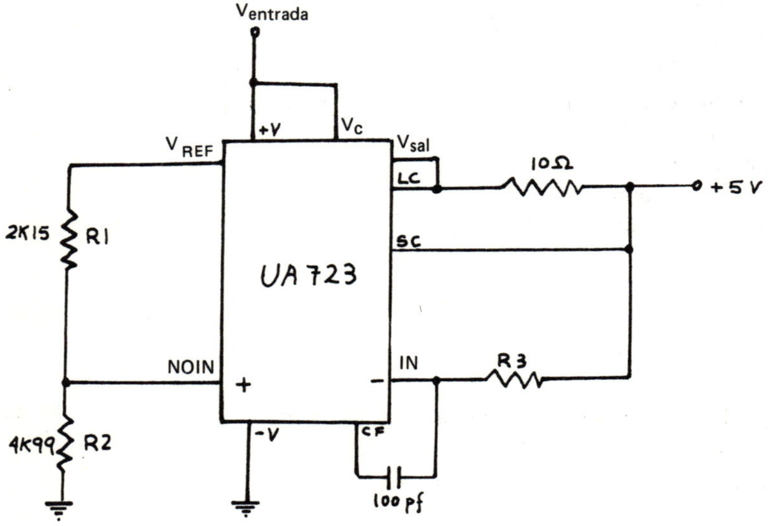

Fig. 129.

Si quisiéramos transformar estas fuentes de alimentación en otras de salida variable tendríamos que variar el montaje de las resistencias R_1 y R_2 por el siguiente:

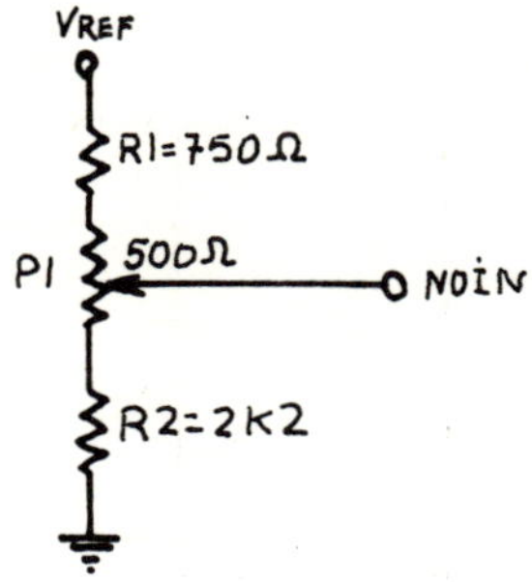

Fig. 130.

Fuente de alimentación con salida fija de + 5 voltios y una corriente mayor de 150 miliamperios.

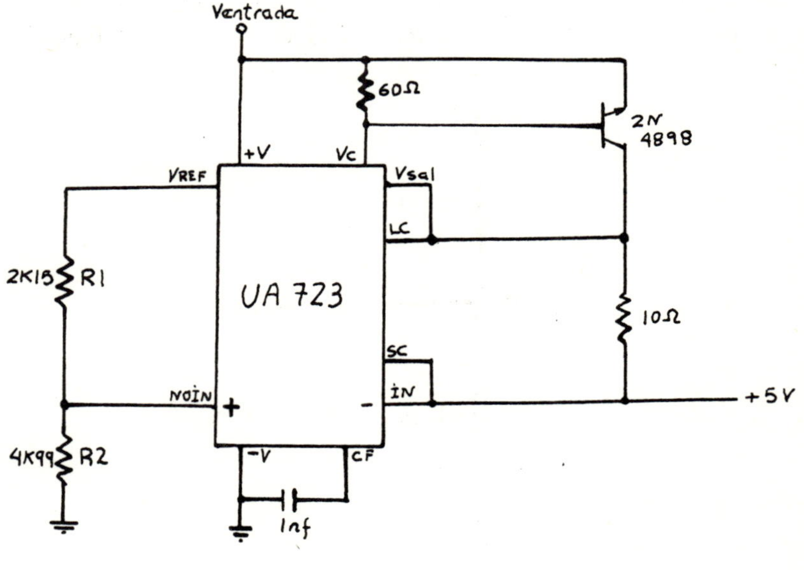

Fig. 131.

Fuente de alimentación con salida fija de — 100 voltios y corriente, la que dé el transistor 2N 5287.

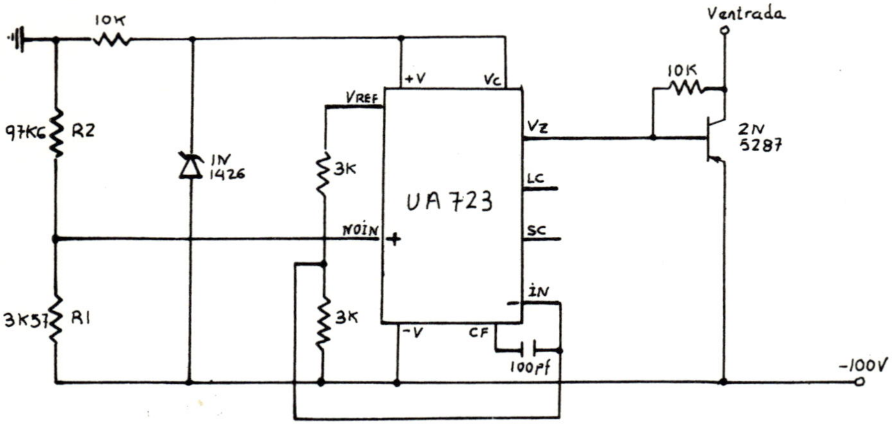

Fig. 132.

De querer dar una salida variable tendremos que transformar el divisor de voltaje formado por R_2 y R_1, por el de la siguiente figura.

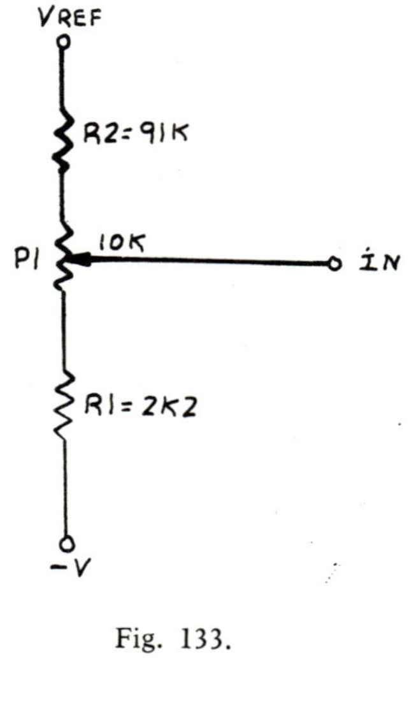

Fig. 133.

6.5. Discriminadores.

La finalidad de estos circuitos es la de detectar una determinada señal y reflejar si dicha señal es mayor o menor que el nivel que prefijamos.

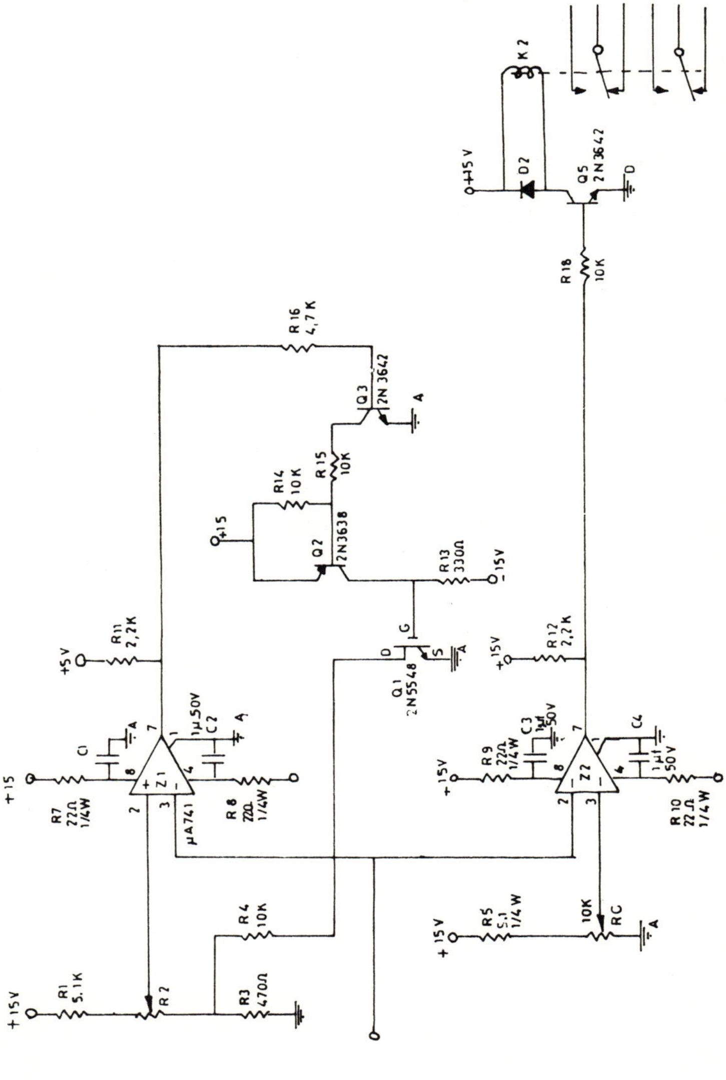

Fig. 134.

Hay infinidad de variaciones en estos circuitos, pero sólo veremos algunos. En la figura 134 tenemos dos montajes distintos de detectores y empezaremos explicando el funcionamiento del más elemental, que es el formado por R_5, R_6, Z_2, R_{18} y Q_5. Si observamos el montaje del amplificador operacional Z_2, podemos ver que no existe la realimentación, luego lo tenemos en lazo abierto y su ganancia será muy elevada (100.000). En el terminal 3 (inversor) le aplicamos una tensión fija (V_x) del divisor de tensión $R_5 — R_6$ y puede ocurrir que:

a) $V_{IN} < V_x$.

b) $V_{IN} > V_x$.

En el primer caso ($V_{IN} < V_x$), en la salida del Z_2 (patilla 7) tendremos:

$$(V_{IN} — V_x)\ 100.000 = —15\ V$$

no conduciendo el transistor Q_5 y con ello permaneciendo el relé K_2 en el estado de reposo.

Cuando $V_{IN} > V_x$, la salida es:

$$(V_{IN} — V_x)\ 100.000 = +\ 15\ V,$$

conduciendo el transistor Q_5 y activándose el relé K_2. Los contactos del relé los podemos utilizar bien sea para encender una lámpara o para mandar una determinada señal a otro circuito.

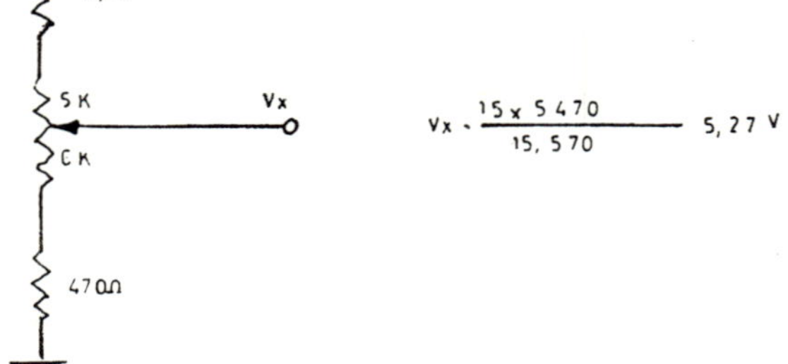

Fig. 135.

El otro detector de la figura 134, formado por Z_1 y los transistores Q_1, Q_2 y Q_3, aunque parece más complicado, es tan fácil como el anterior, siendo su aplicación distinta.

La señal de referencia la estamos aplicando en el terminal 2 (no inversor) del amplificador operacional y la de entrada al terminal 3 (inversor).

Vamos a suponer una señal de referencia sacada del divisor y para ello pensemos que el potenciómetro R_2 está en el centro de su recorrido.

Cuando la señal de entrada V_{IN} es menor que V_x (5.27 voltios), la tensión de salida del amplificador operacional Z_1 será:

$$(V_x - V_{IN})(100.000) = +15\ V,$$

haciendo con ello que conduzca el transistor Q_3, ya que es NPN y estamos aplicándole una tensión positiva en base. Q_3 hace que conduzca el Q_2 y éste obliga a conducir a Q_1, dando masa al extremo de R_4 y quedando el divisor de tensión como la figura 136.

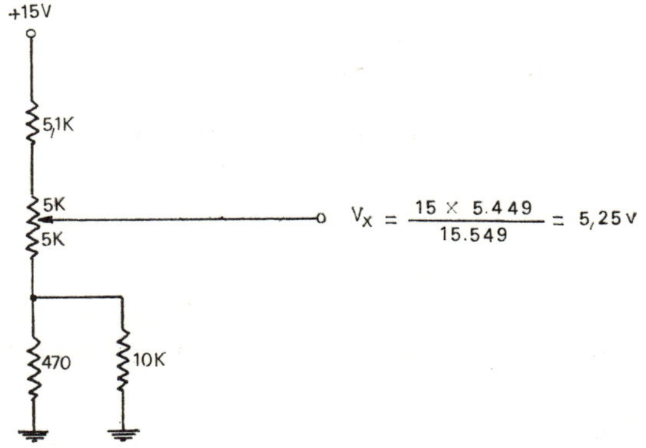

Fig. 136.

Si observamos ahora, la tensión de referencia ha disminuido a 5,25 V.

Al aumentar el voltaje de entrada y hacerse mayor que V_x (5,25 V), la salida del amplificador se hace igual a —15 V, dejando de conducir Q_3, Q_2 y Q_1 y quedando el divisor de tensión como el de la figura 135.

Si disminuyese el voltaje de entrada, el amplificador cambiaría su salida cuando $V_{IN} < 5{,}27$, mientras que aumentando el voltaje para que cambie la salida del amplificador a — 15 V hace falta que $V_{IN} > 5{,}25$.

Este tipo de discriminador se suele usar en los medidores digitales de combustible que utilizan dos turbinas, una para la gama baja y otra para la alta.

6.6. Aplicaciones.

6.6.1. Detectores de nivel.

En la figura 137 tenemos otro montaje práctico de detectores, empleado para determinar si una señal de entrada está comprendida o no entre 4 y 5 voltios.

Los niveles de referencia que suponemos son de 4 V en el terminal positivo del amplificador operacional Z_1 y de 5 V en el terminal negativo de Z_2.

Vamos a analizar el circuito cuando la señal de entrada es menor de 4 V.

El voltaje a la salida de Z_1 será:

$$(4 - V_E)\ 100.000 = +\ 15\ \text{V}$$

y el de Z_2:

$$(V_E - 5)\ 100.000 = -\ 15\ \text{V}$$

Al aplicarle una señal positiva a la base de Q_1, éste conducirá, dando masa al relé K_1, que se activará, encendiéndose la lámpara L_1 $(V_E < 4\ \text{V})$ y apagándose L_2 $(4 < V_E < 5)$.

El transistor Q_2 no conducirá, por tener una tensión muy negativa en base y con ello no lucirá la lámpara L_3 $(V_E > 5\ \text{V})$.

Si aumentamos la señal de entrada (V_E) a 4,1 V, la salida del amplificador Z_1 se hará igual a — 15 V y la del Z_2 igual a — 15 V también. Los transistores Q_1 y Q_2 no conducirán los relés K_1 y K_2 estarán desactivados y lucirá solamente la lámpara L_2 $(4 < V_E < 5)$.

Aumentando la señal de entrada hasta 5,1 V, la salida de Z_1 seguirá seindo — 15 V, mientras que la de Z_2 pasa a ser + 15 V, conduciendo Q_2 y luciendo solamente la lámpara L_3 $(V_E > 5\ \text{V})$.

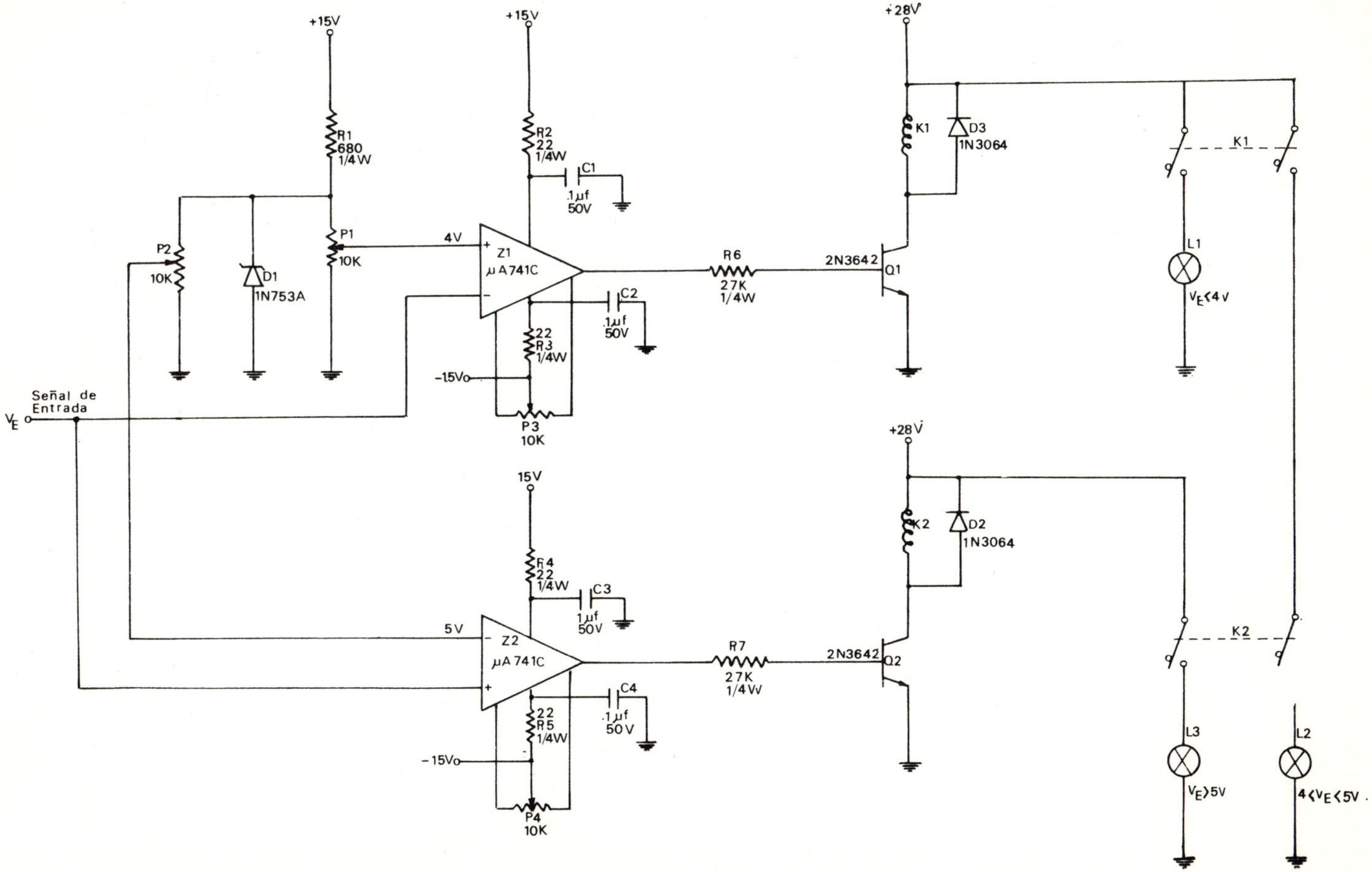

DETECTOR DE NIVEL

Fig. 137.

6.6.2. *Detectores de nivel con histéresis. UA 734.*

Para evitar que un circuito detector esté cambiando continuamente cuando está muy próximo al nivel de referencia prefijado, se montan estos detectores. Ellos tienen como finalidad cambiar el nivel de referencia una vez que se ha alcanzado el cambio a la salida del detector. O sea, que si construimos un detector para que cambie a un nivel de entrada de + 2 voltios, una vez que ha ocurrido esto, se realimenta para variar el nivel de referencia que teníamos fijado de + 2 voltios y pasa a ser, por ejemplo, + 2,3 voltios.

La diferencia de voltaje entre el nivel de referencia inicial prefijado y el obtenido después de la realimentación es lo que se llama voltaje de histéresis.

Para entenderlo mejor, veamos el siguiente circuito, con un *UA 734:* tipo *TO-99.*

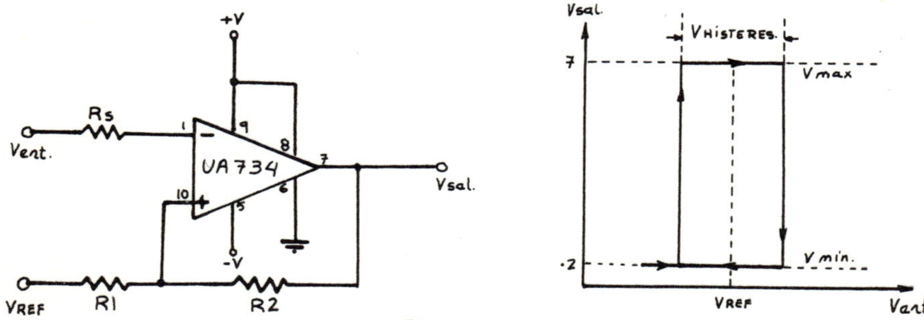

Fig. 138.

Para conseguir un mínimo OFFSET, el valor de la resistencia serie de entrada R_s deberá ser igual a la resultante paralela de las resistencias R_1 y R_2.

El valor del voltaje de histéresis es igual al cociente de la diferencia de voltaje entre la suma de las resistencias R_1 y R_2, multiplicado por R_1.

$$V_{\text{histeresis}} = \frac{Vs_{\cdot\text{max}} - Vs_{\cdot\text{min}}}{R_1 + R_2} \times R_1$$

Para estudiar mejor este circuito vamos a suponer que la salida es de 0,2 voltios y el voltaje de entrada es inferior al nivel que hemos fijado como referencia. Si empezamos a incrementar el voltaje de entrada llegaremos a una tensión inferior al nivel de referencia en el cual la salida del detector pasará a valer 7 voltios. Como podemos ver en el dibujo, a la entrada positiva del amplificador le estamos aplicando el voltaje obtenido del divisor de tensión formado por las resistencias R_1 y R_2, y éste será inferior al del voltaje de referencia, ya que a la salida teníamos 0,2 voltios. Una vez que ha cambiado el amplificador a 7 voltios de salida, en la entrada positiva le estaremos aplicando un voltaje mayor que el de referencia. Para poder volver a cambiar el valor de la salida del amplificador tendremos que hacer que la entrada negativa se haga mayor que la positiva para que resultado sature a 0,2 voltios.

6.7. Generador de onda cuadrada.

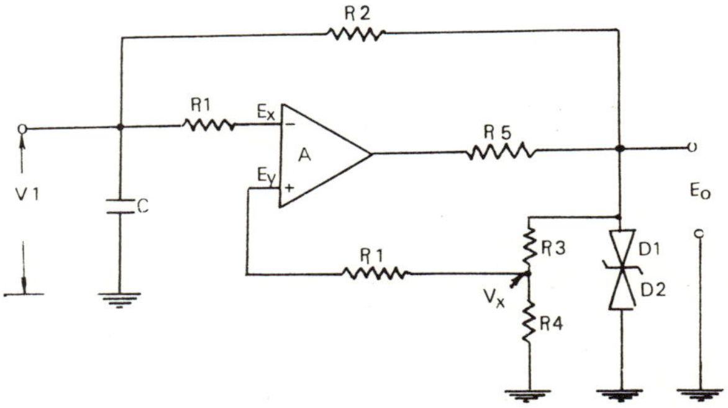

Fig. 139.

En este generador, la tensión de salida (onda cuadrada) estará limitada por la tensión de codo de los diodos de Zener $+V_z$ y $-V_z$. Luego si queremos una señal de salida entre ∓ 5 V tendremos que colocar dos Zener de este voltaje.

Las resistencias R_1 serán mucho mayores que las R_3 y R_4.

Para partir de un origen, supondremos que la señal de salida E_0 sea igual a $-V_z$, tensión limitadora del Zener D_1, que es el que está inversamente polarizado. Entonces, el voltaje V_x del divisor de tensión de la figura 114 será: $V_x = -V_z R_4/R_3 + R_4$

Llamaremos por comodidad $R_4/R_3+R_4 = \beta$, luego el voltaje $V_x = -\beta V_z$.

La tensión de salida de los amplificadores es siempre la diferencia entre la aplicada a su entrada positiva y la de su entrada negativa, multiplicada por su ganancia, o sea:

$$E_0 = (E_y - E_x) \times \text{Ganancia} = (-\beta V_x - E_x) \times \text{Ganancia}.$$

Luego para que E_0 sea igual a $-V_z$, como en el terminal positivo estamos aplicando $-\beta V_z (E_y)$, deberá ser E_x más positivo que E_y.

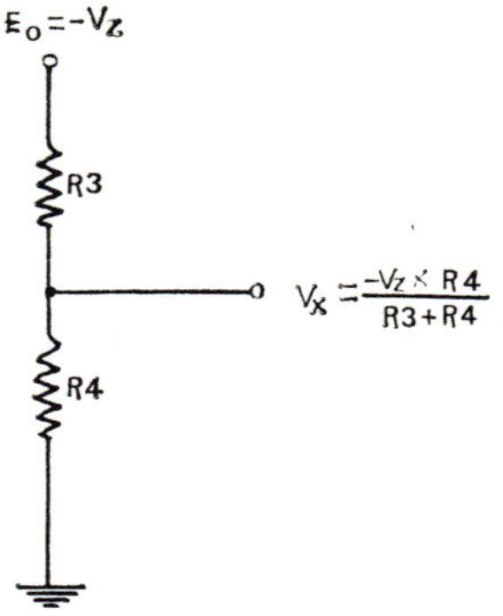

Fig. 140.

A partir de este momento el condensador C se irá cargando a más negativo, hasta que la tensión E_x se haga más negativa que $E_y = -\beta V_z$ y cambie el voltaje de salida del amplificador operacional a $+V_z$.

$$E_0 = (-\beta V_x - E_x) \times \text{Ganancia} = +V_z.$$

El voltaje V_x pasará a ser $V_z\ R_4/R_3 + R_4 = \beta V_z$, el condensador se cargará a más positivo y cuando E_y se haga menor que E_x, la salida E_0 volverá a cambiar a su valor inicial $-V_z$. La frecuencia del oscilador será:

$$f = \frac{1}{2 R_2 C}$$

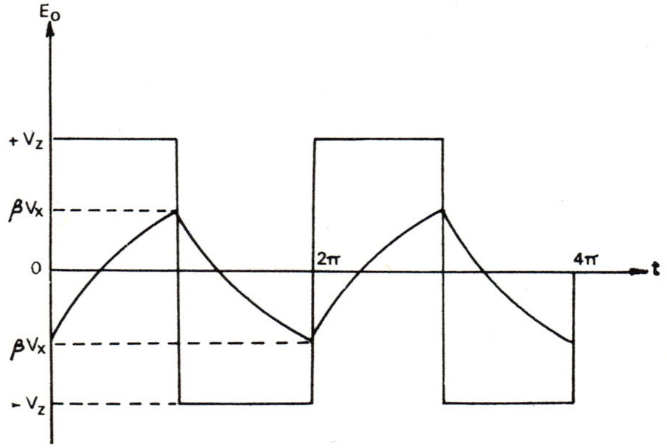

Fig. 141.

En la figura 141 podemos ver la señal de salida y de carga-descarga del condensador.

Pondremos un ejemplo práctico con valores, de un generador de onda cuadrada de 100 kHz.

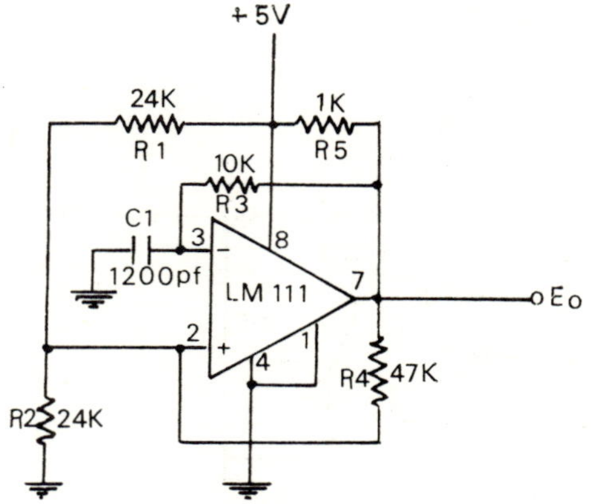

Fig. 142.

La frecuencia de este generador puede variarse fácilmente cambiando el valor de C_1 o ajustando con la resistencia R_1. No sería problema conseguir una frecuencia baja, por ejemplo 1 Hz, usando un condensador de 1 μF.

El amplificador empleado (LM111) es de la casa *Natioanl Semiconductor Corporation.*

6.7.1. Oscilador vertical de cuadro de una cámara de televisión.

La teoría de este circuito está basado en el oscilador de onda cuadrada que hemos estudiado en el punto anterior.

Si observamos el diagrama de tiempos, vemos que cuando la salida se satura a + 7,5 voltios, el condensador *C* 129 que estaba cargado a una tensión negativa de — 4 voltios empieza a cargarse hacia positivo a través del conjunto de las resistencias *R* 156, *R* 155, *R* 178 y *R* 179. Durante todo este tiempo el diodo *CR* 102 estará polarizado inversamente y la resistencia *R* 157 no tomará parte del circuito.

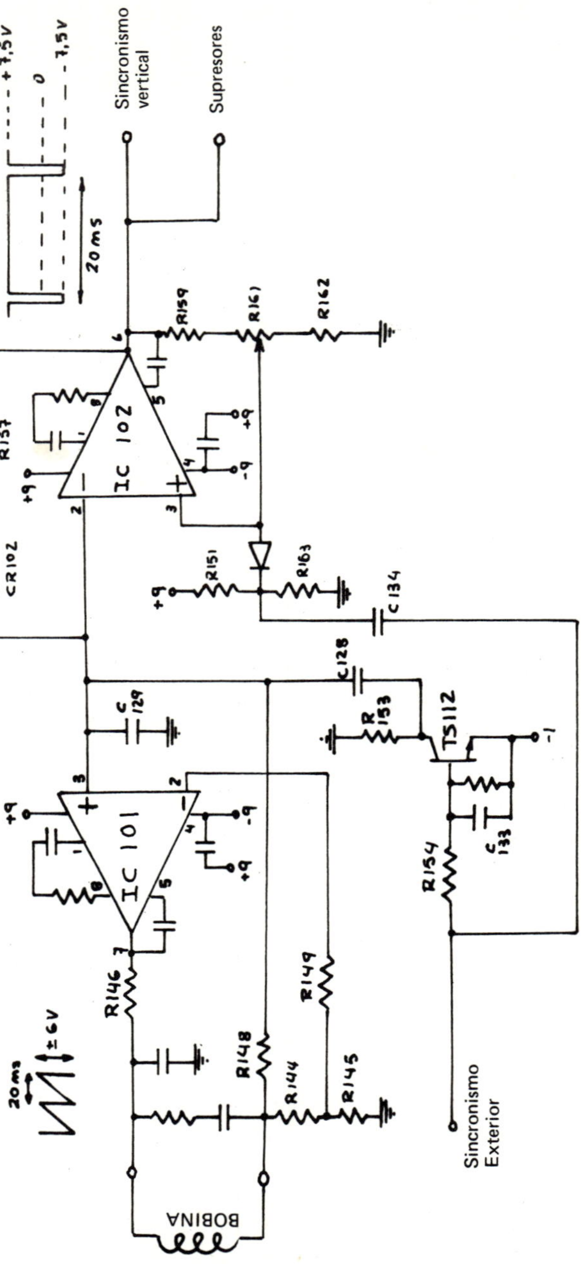
Sincronismo vertical
Supresores
Sincronismo Exterior
BOBINA
IC 101
IC 102
TS112
CR102
20ms
±6V
+7,5V
0
-7,5V

Fig. 143.

Por mediación del divisor de tensión formado por las resistencias *R* 159, *R* 161 y *R* 162, se le aplica a la entrada positiva del amplificador *IC* 102 + 4 voltios. Cuando el condensador adquiere durante su carga un nivel de tensión ligeramente superior a los + 4 voltios, hará cambiar la salida del *IC* 102 a —7,5 voltios. A partir de este momento el diodo *CR* 102 se polarizará directamente y pondrá la resistencia *R* 157 en paralelo con el conjunto de *R* 156, *R* 155, *R* 178 y *R* 179, originándose la descarga del condensador hacia —4 voltios.

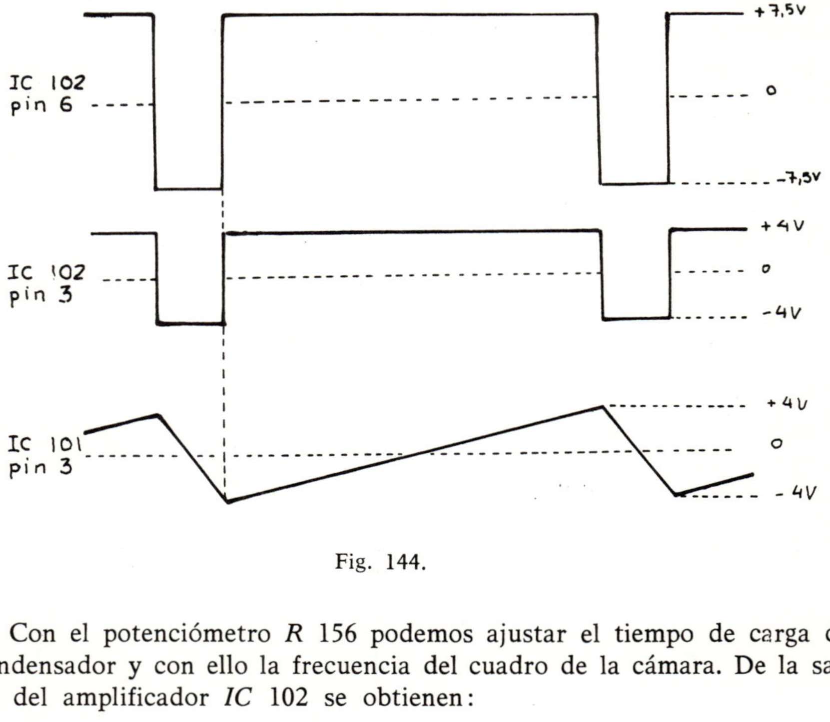

Fig. 144.

Con el potenciómetro *R* 156 podemos ajustar el tiempo de carga del condensador y con ello la frecuencia del cuadro de la cámara. De la salida del amplificador *IC* 102 se obtienen:

a. — Los impulsos de sincronismo vertical.
b. — Los impulsos supresores.

Ambos impulsos pasarán a un circuito sumador, para sumarlos con la señal de vídeo que se obtiene del vidicón.

El diente de sierra generado en el condensador *C 129* pasa al amplificador *C 101,* que está montado como un no inversor y de ganancia igual a 1,5. La salida de este amplificador pasa a la bobina deflectora vertical.

En las mesas de control de un circuito cerrado de televisión, donde se emplean varias cámaras, un telecine, monitores, etc., siempre existe un generador de sincronismo, para que todos los equipos estén en fase. El circuito formado por el transistor TS 112 es el que trata los impulsos exteriores y los aplica a los dos amplificadores, de forma que todos los barridos queden sincronizados.

6.8. Generadores de onda sinusoidal en puente de Wien.

En este tipo de oscilador, como en todos, lo más importante es la frecuencia de oscilación y es lo que vamos a calcular.

Como en todos los amplificadores, existen dos ecuaciones fundamentales:

$$E_x = E_y$$

$$i_1 = i_2$$

Y en este montaje, además, una tercera:

$$i_3 = i_4 + i_5.$$

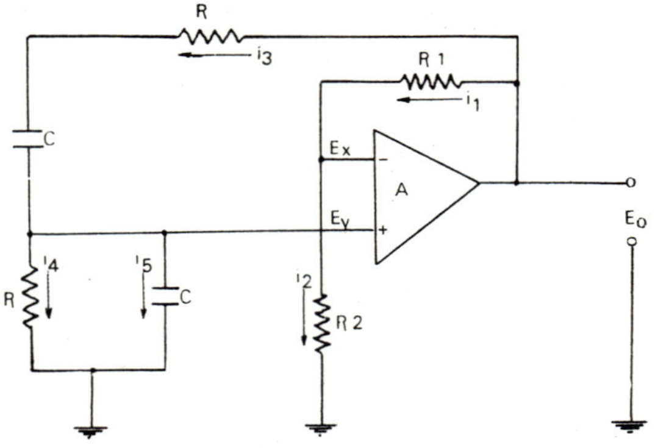

Fig. 145.

Para hallar el valor de E_x, calcularemos las corrientes:

$$i_1 = \frac{E_0 - E_x}{R_1}$$

$$i_1 = \frac{E_x}{R_2}$$

Igualándolas tendremos:

$$\frac{E_0 - E_x}{R_1} = \frac{E_x}{R_2}$$

$$E_0 R_2 - E_x R_2 = E_x R_1$$

$$E_0 R_2 = E_x (R_1 + R_2)$$

$$E_x = E_0 \frac{R_2}{R_1 + R_2}$$

Dividiendo por R_2:

$$E_x = E_0 \frac{1}{1 + R_1/R_2}$$

Una vez obtenido este valor, es necesario hallar el de E_y para igualarlos.

$$i_3 = \frac{E_0 - E_y}{R + X_c}$$

$$i_4 = E_y/R$$

$$i_5 = E_y/X_c$$

Según la tercera ecuación escrita al principio, tendremos:

$$\frac{E_0 - E_y}{R + X_c} = \frac{E_y}{R} + \frac{E_y}{X_c}$$

$$\frac{E_0 - E_y}{R + X_c} = E_y (1/R + 1/X_c)$$

$$E_0 - E_y = E_y (1/R + 1/X_c) \times (R + X_c)$$

$$E_0 = E_y (R/R + X_c/R + R/X_c + X_c/X_c) + E_y$$

Simplificando, tendremos:

$$E_0 = E_y (3 + X_c/R + R/X_c)$$

$$E_y = \frac{E_0}{3 + X_c/R + R/X_c}$$

Aplicamos la ecuación fundamental $E_x = E_y$

$$\frac{E_0}{1 + R_1/R_2} = \frac{E_0}{3 + X_c/R + R/X_c}$$

Para que esta igualdad se cumpla es necesario que sus denominadores sean iguales.

$$(1 + R_1/R_2) = 3 + (X_c/R + R/X_c)$$

También sabemos que para que dos números complejos sean iguales, deberán de serlo sus partes reales y sus partes imaginarias. Luego en esta última igualdad tendrá que cumplirse que:

$$X_c/R + R/X_c = 0$$

$$X_c^2 + R^2 = 0$$

Sustituyendo X_c por su valor $1/j\omega C$, nos quedará:

$$R^2 + 1/(j\omega C)^2 = 0$$

$$1 + j^2 \omega^2 C^2 R^2 = 0$$

Al ser $j = \sqrt{-1}$, si lo elevamos al cuadrado nos queda -1.

$$1 - \omega^2 C^2 R^2 = 0$$

$$\omega^2 C^2 R^2 = 1$$

$$\omega CR = 1$$

Como $\omega = 2\pi f$, sustituyendo este valor y despejando f sabremos el valor de la frecuencia del oscilador en puente de WIEN.

$$2\pi fCR = 1$$

$$f = \frac{1}{2\pi RC}$$

Si quisiéramos dar valores para hacer un montaje práctico, debemos tener en cuenta que al igualar los dos números complejos nos da:

$$1 + \frac{R_1}{R_2} = 3$$

O sea que R_1 deberá de ser doble que R_2, aunque esto no es importante, ya que sólo actúa sobre la ganancia y no sobre la frecuencia.

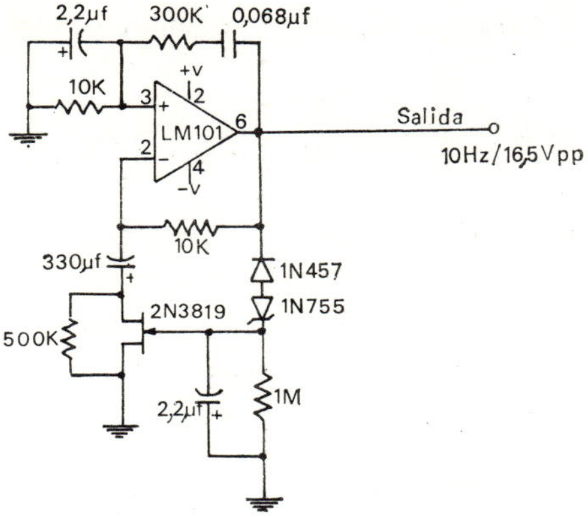

Fig. 146.

En la figura 146 podemos ver un ejemplo práctico de un oscilador en puente de WIEN, para 10 Hz y una amplitud de 16,5 Vpp.

6.9. Oscilador en cuadratura.

Estos generadores dan la posibilidad de obtener dos señales simultáneamente: una senoidal y otra cosenoidal o sea que están desfasadas entre sí 90°.

Para hallar la frecuencia de oscilación vamos a calcular las tensiones E_0, E_1 y E_2.

En el amplificador A_1 vemos fácilmente que al estar montado como inversor, aunque su realimentación sea una capacidad, que:

$$E_2 = -E_1 \frac{X_{C1}}{R_1}$$

De igual forma, en el amplificador A_2:

$$E_0 = -E_2 \frac{X_{C2}}{R_2}$$

Y en el A_3:

$$E_1 = -E_0$$

Si sustituimos el valor de E_2 en la segunda ecuación tendremos:

$$E_0 = -\left(-E_1 \frac{X_{C1}}{R_1}\right) \frac{X_{C2}}{R_2} = E_1 \frac{X_{C1} \cdot X_{C2}}{R_1 \cdot R_2}$$

Sustituimos el valor $E_0 = -E_1$

$$-E_1 = E_1 \frac{X_{C1} \cdot X_{C2}}{R_1 \cdot R_2}$$

$$-E_1 = E_1 \frac{1/j\omega C_1 \times 1/j\omega C_2}{R_1 \cdot R_2}$$

$$-E_1 = E_1 \frac{1}{j\omega C_1 R_1 j\omega C_2 R_2}$$

$$\frac{E_1}{-1} = \frac{E_1}{j^2 \omega^2 C_1 C_2 R_1 R_2}$$

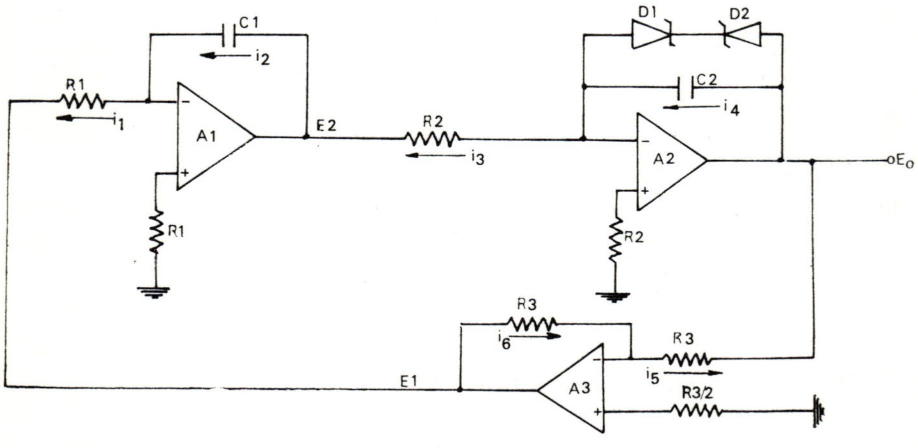

Fig. 147.

Para que esta igualdad se cumpla, deberán ser iguales los denominadores.

$$-1 = j^2\,\omega^2\,C_1\,C_2\,R_1\,R_2$$

$$1 = \omega^2\,C_1\,C_2\,R_1\,R_2$$

Si hacemos $C = C_1 = C_2$ y $R_1 = R_2 = R$.

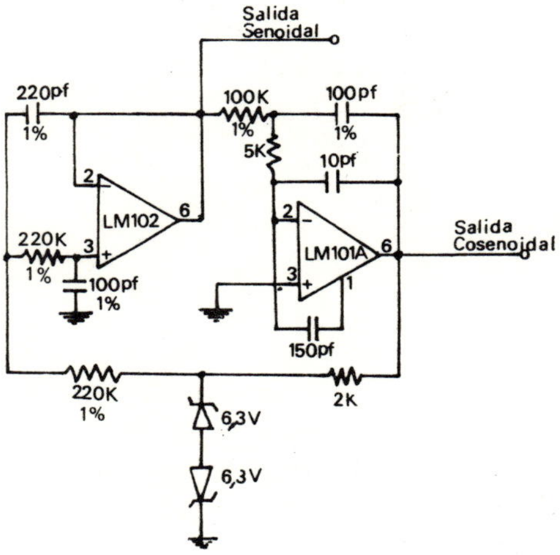

Fig. 148.

$$1 = \omega^2\,C^2\,R^2$$

$$1 = \omega CR$$

Sustituyendo ω por su valor y despejando f, obtendremos la frecuencia del oscilador.

$$1 = 2\pi \cdot fCR$$

$$f = \frac{1}{2\pi \cdot RC}$$

La figura 148 es un ejemplo práctico.

6.10. Oscilador de cristal.

Son los de mayor estabilidad, y normalmente se emplean como generadores de impulsos de relojes en los sistemas digitales. A este tipo de oscilador y todos los que oscilan libremente se les llama en inglés *Free running.*

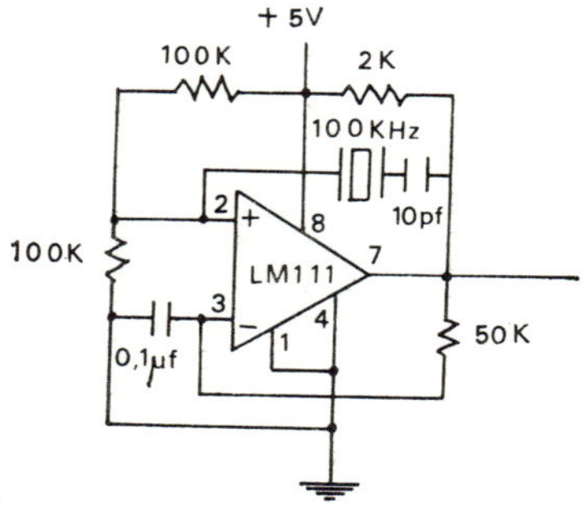

Fig. 149.

La estabilidad en c.c., que garantiza el comienzo de la oscilación, está proporcionada por la realimentación negativa a través de la resistencia de 50 kΩ. Dicha realimentación negativa es reducida en altas frecuencias por el condensador de 0,1 μF.

La realimentación positiva se obtiene a través de un cristal de cuarzo de 100 kHz. La alta impedancia de entrada del amplificador operacional LM111 y el aislador-condensador de 10 pF disminuyen la carga del cristal de cuarzo y contribuye a estabilizar la frecuencia. Los valores dados en la figura 149 son para una frecuencia de 10 kHz.

6.11. Rectificador de media onda.

La figura 150 es un montaje formado por un amplificador no inversor y un diodo en la realimentación que hace las veces de un conversor de c.a. a c.c.

Cuando la señal de entrada E_i es positiva, la patilla 6 del amplificador también lo será, y al llegar a 0,6 V el diodo D_1 conducirá, uniéndose prácticamente la salida del LM 101A con su entrada negativa. Este amplificador diremos que está en lazo cerrado y su montaje es como separador, luego la señal de salida será como la de entrada.

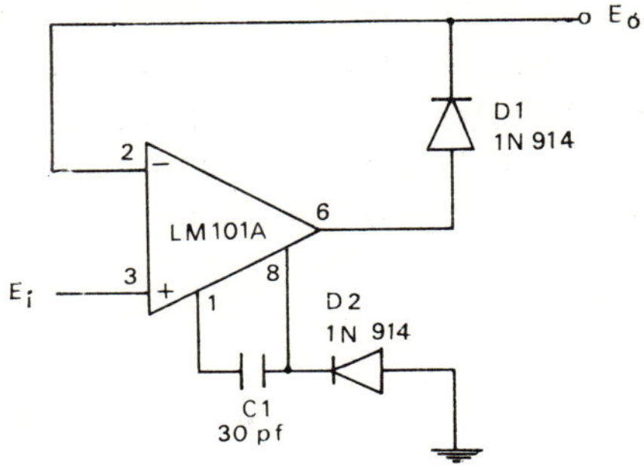

Fig. 150

Al hacerse la señal de entrada negativa, también lo será la salida del amplificador, quedando el diodo D_1 inversamente polarizado y, por tanto, el lazo quedará abierto. La ganancia será ahora muy elevada y el amplificador estará saturado a masa.

Las formas de onda de las señales de entrada y salida están representadas en la figura 151.

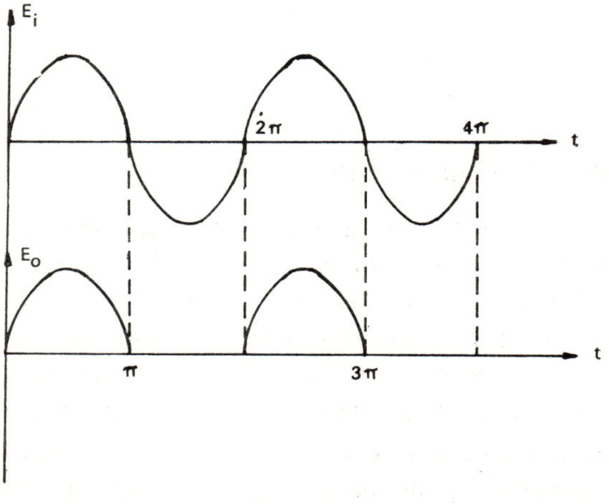

Fig. 151

Para evitar que el amplificador se quede saturado, se suele incluir un nuevo diodo D_2, como vemos en la figura 152. Este montaje funciona de igual forma que el de la figura 150, aunque el amplificador está montado como inversor.

Al ser E_i negativa, la salida de LM 101A se hace positiva, polarizando directamente D_1 y cerrándose el lazo a través de R_2, siendo el voltaje de salida $E_0 = -E_i \, R_2/R_1$. Al hacerse positiva E_i, la salida del amplificador se hace negativa, polarizando directamente D_2; el lazo quedará cerrado a través de la resistencia del diodo, que es prácticamente nula, y la señal de salida será $E_0 = E_i \dfrac{R_{D2}}{R_1} \approx 0$.

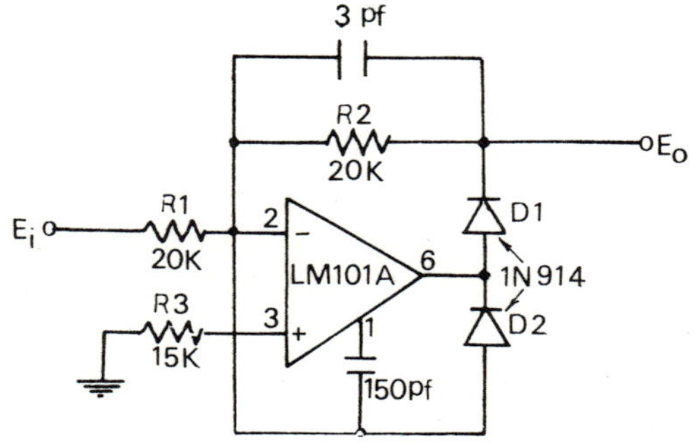

Fig. 152.

6.12. Rectificador de onda completa.

Añadiéndole al circuito de la figura 152 un amplificador podemos convertirlo en rectificador de doble onda. Como se ve en la figura 153, la salida del rectificador de media onda A_1 se conecta a la entrada negativa del amplificador A_2. En este último amplificador, en su entrada negativa, se suman la señal del rectificador de media onda con la de entrada (c. a), para proporcionar una rectificación completa.

Para señal de entrada negativa la salida de A_1 es cero voltios, ya que polariza directamente D_2 y no habrá paso de corriente por R_3. Olvidándonos de momento de C_2, la salida del amplificador A_2 será $-E_{in} \, R_7/R_6$.

Con una señal de entrada positiva, la salida de A_1 será negativa, polarizándose D_1 directamente y fluyendo corriente por R_3. En A_2 se suman las corrientes que pasan por R_3 y R_6, siendo el voltaje de salida:

$$E_o = E_{in}\, R_7/R_3 - E_{in}\, R_7/R_6$$

Si R_3 es igual a $R_6/2$, el voltaje de salida será:

$$E_o = \frac{E_{in}\, R_7}{R_6/2} - \frac{E_{in}\, R_7}{R_6} = E_{in}\frac{R_7}{R_6}.$$

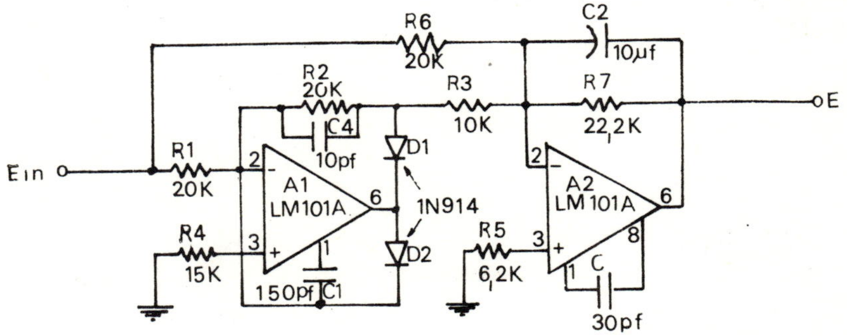

Fig. 153.

La forma de filtrar la señal de salida para obtener una tensión continua pura es colocar un condensador C_2 en paralelo con R_7. La constante de tiempo del filtro será $R_7 C_2$ y deberá ser mucho mayor que el máximo período de la señal de entrada. Para los valores dados en la figura 153, la constante de tiempo es aproximadamente 0,22 segundos.

6.13. Sistema analógico de medida de fuerza.

Este sistema se puede utilizar cuando queremos medir esfuerzos de tracción o compresión. Está compuesto de un traductor y dos amplificadores operacionales montados como separadores.

El traductor está formado por un puente de resistencias en el cual una de las ramas es variable con el esfuerzo que se le aplica. Entre extremos opuestos del puente suelen tener una resistencia de 350 ohmios aproximadamente. Según sea el tipo de traductor utilizado, así será la tensión de excitación del puente; normalmente, lo más aconsejable es con + 10 voltios de c.c.

La tensión de salida del puente con un esfuerzo a fondo de escala de su rango, suele ser de 3 milivolitios por voltio de excitación. Supongamos un traductor de 50.000 kilos por ejemplo, que lo alimentamos con 10 V c.c. y siendo su sensibilidad de 3 mV/V, al aplicarle encima un peso de 50.000 Kg la tensión de salida será de 30 mV.

Física y eléctricamente estos traductores suelen ser como el de la figura 154.

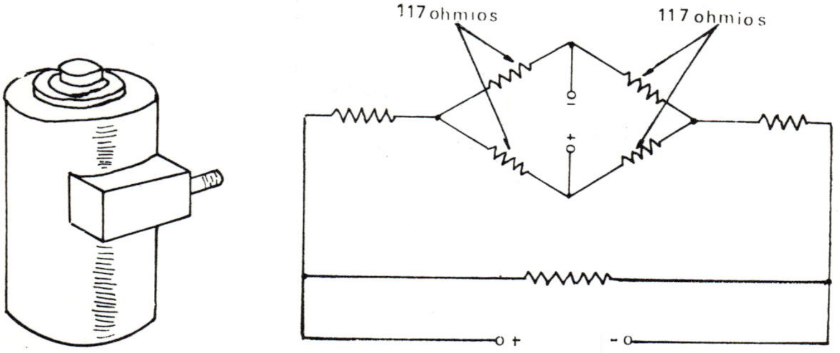

Fig. 154.

Como vemos en la figura 155, los traductores de fuerza se alimentan con + 10 V y llevan además dos hilos de *senseo* en paralelo con la alimentación para evitar errores debidos a la caída de tensión en la instalación. La respuesta del traductor (señal + y señal —) se aplica a dos separadores Z_1 y Z_2, respectivamente. La señal de salida, que es equilibrada, se aplica a un amperímetro con un ajuste de Span R_{17}. De querer sustituir este indicador por un voltímetro deberíamos aplicar la parte positiva del indicador a la patilla *P* del amplificador.

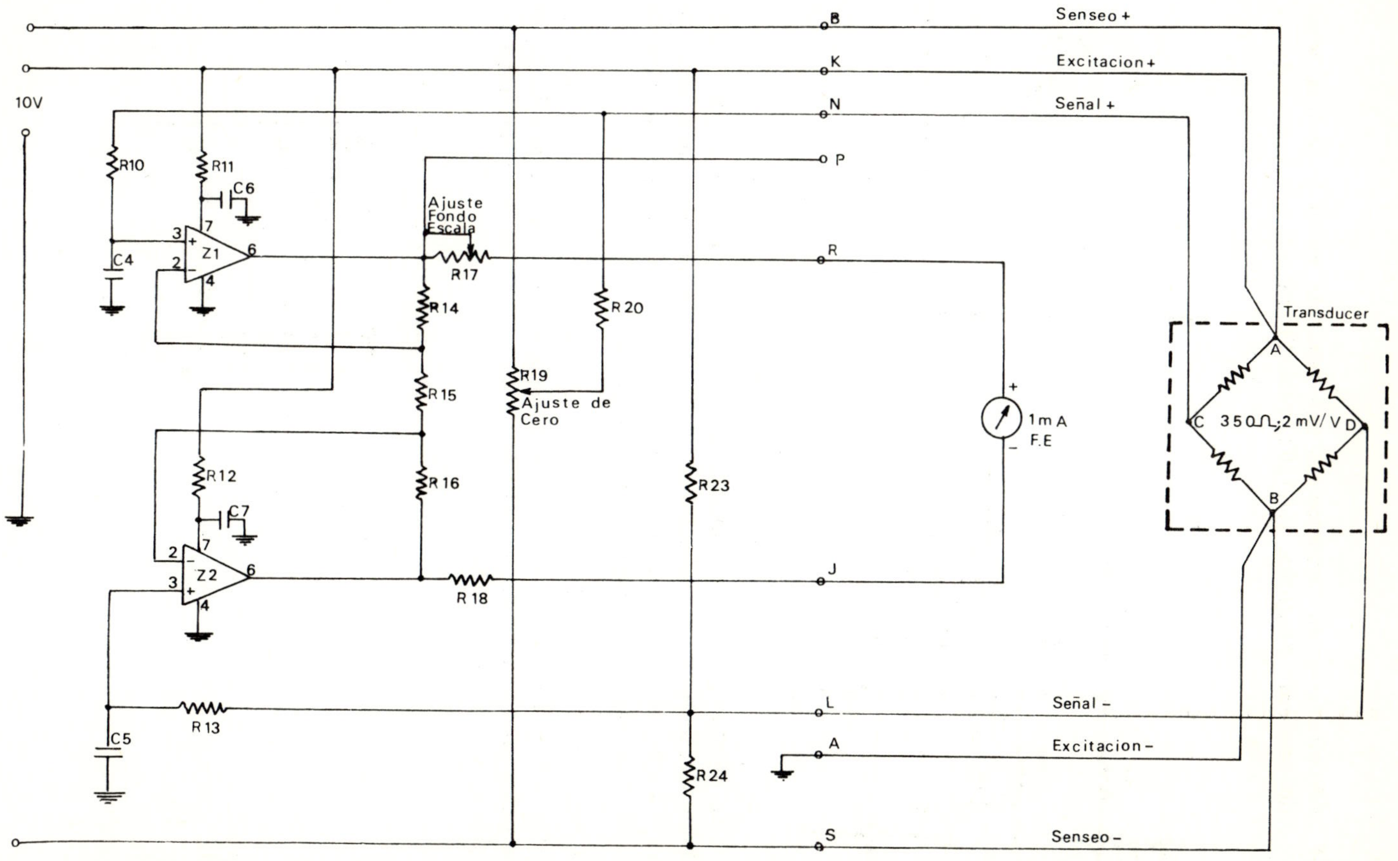
Senseo +
Excitacion +
Señal +
10V
B
K
N
P
R
J
L
A
S
R10
R11
C6
C4
Z1
R12
C7
Z2
C5
R13
Ajuste
Fondo
Escala
R17
R14
R15
R16
R18
R19
Ajuste de
Cero
R20
R23
R24
1mA
F.E
Transducer
A
B
C
D
350Ω;2 mV/V
Señal -
Excitacion -
Senseo -

Fig. 155.

6.14. Circuito inversor sumador de una señal de vídeo y de una señal de corriente continua. UA 702, tipo TO 99.

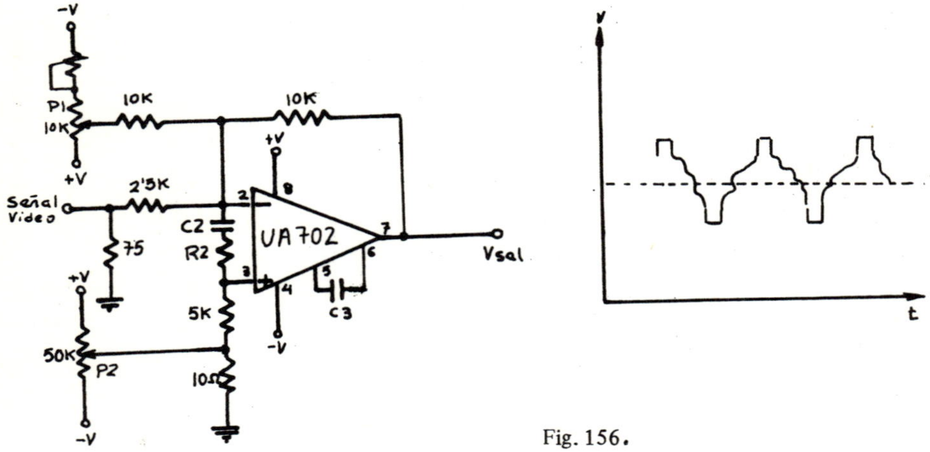

Fig. 156.

Este montaje se emplea mucho en las mesas de control de los realizadores de televisión, su finalidad es la de dar un nivel adecuado de continua que actuará de puerta para que la señal de vídeo seleccionada pase al videotape o la pantalla de televisión.

Como vemos en el dibujo, aquí lo que vamos a hacer es sumar e invertir dos señales que llegan a la entrada negativa. La ganancia de la tensión de continua es de uno (10 K/10 K) y la de la señal de vídeo es de cuatro veces (10 K/2,5 K).

RESPUESTA EN FRECUENCIA
PARA VARIAS GANANCIAS

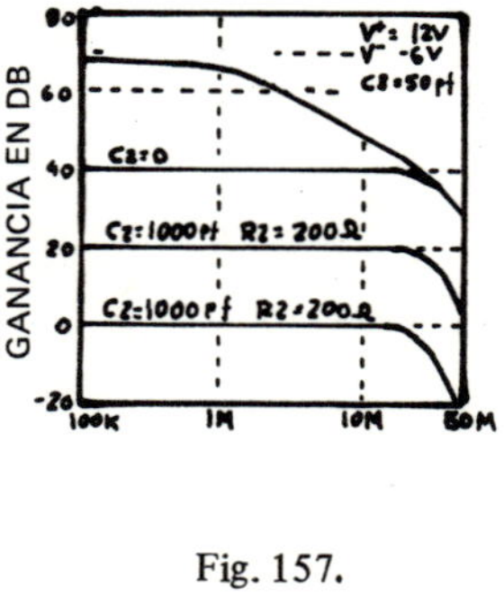

Fig. 157.

El haber seleccionado el UA 702 es porque puede trabajar, como vemos en los gráficos, en un ancho de banda superior a los 20 MHz. La señal de vídeo es inferior a 20 MHz.

Los valores elegidos de los condensadores C_2, C_3 y de la resistencia R_2, son los sacados de las curvas de respuesta en frecuencia para distintas ganancias.

$$C_2 = 1000 \text{ pF}$$
$$C_3 = 50 \text{ pF}$$
$$R_2 = 200 \ \Omega$$

Antes de poner en marcha este montaje, lo que debemos hacer es ajustar el cero del amplificador, y para ello los pasos que debemos seguir son los siguientes:

a. — Desconectar el punto central del potenciómetro P_1.

b. — Llevar a tierra la resistencia de 10 KΩ que antes estaba unida al punto central de P_1.

c. — Aplicar tierra a la entrada de vídeo.

d. — Colocar un milivoltímetro a la salida del amplificador.

e. — Ajustar con P_2 hasta conseguir una lectura mínima en el milivoltímetro.

La resistencia que está en paralelo con la entrada de vídeo es la carga normal de todos los circuitos de vídeo (75 ohmios).

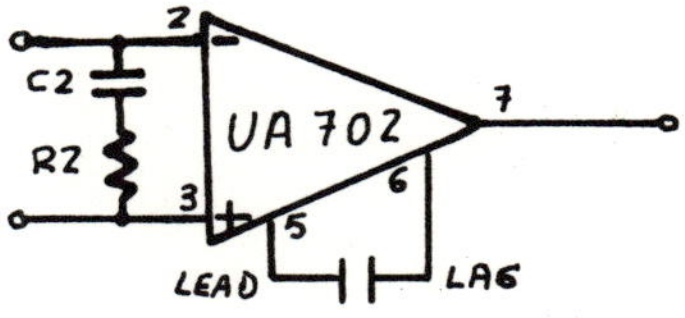

Fig. 158

Bibliografía

Analog and Analog/Hibrid Computer Programming.
Por Arthur Hausuer.
Prentice Hall Inc.

Apuntes de Servotecnia
Por D. Arturo Ruiz Martínez de Tejada.
D. Antonio Sáez Pernández.
Dpto. Publicaciones de la Escuela de Ingenieros Técnicos de Telecomunicación.

Operational Amplifier Applications.
The Electronic Engineer Magazine.

Circiutos Integrados Lineales, R.C.A.
Editorial Arbó.

El amplificador operacional y sus aplicaciones.
Por J. C. Marchais.
Marcombo Editores.